# 基于角质颚和内壳的秘鲁外海茎柔鱼渔业生态学研究

陈新军　李云凯　胡贯宇
贡　艺　刘必林　李建华　著

科学出版社
北　京

## 内 容 简 介

头足类的角质颚和内壳储存着大量的生物学和生态信息。本书通过分析茎柔鱼角质颚、内壳的微结构和微化学，了解茎柔鱼的生长、种群结构、栖息环境和生活史信息，为全面掌握茎柔鱼渔业资源生物学提供基础。全书共分8章：第1章为引言，主要介绍茎柔鱼渔业生物学国内外研究现状；第2章为茎柔鱼角质颚微结构及轮纹判读；第3章为基于角质颚的茎柔鱼日龄、生长和种群结构；第4章为茎柔鱼角质颚的形态学及其与个体生长的关系；第5章为茎柔鱼角质颚的色素沉积及其与个体生长关系；第6章为茎柔鱼角质颚微化学及其与耳石比较；第7章为茎柔鱼内壳结构及其生长的研究；第8章为基于内壳稳定同位素的秘鲁外海茎柔鱼摄食洄游研究。

本书可供海洋生物、水产和渔业研究等专业的科研人员，高等院校师生及从事相关专业生产、管理的工作人员使用和阅读。

**图书在版编目(CIP)数据**

基于角质颚和内壳的秘鲁外海茎柔鱼渔业生态学研究 / 陈新军等著. — 北京：科学出版社, 2018.4

ISBN 978-7-03-056370-5

Ⅰ.①基… Ⅱ.①陈… Ⅲ.柔鱼-海洋渔业-深海生态学-研究-秘鲁 Ⅳ. ①Q178.533

中国版本图书馆 CIP 数据核字（2018）第 010177 号

责任编辑：韩卫军 / 责任校对：唐静仪
责任印制：罗　科 / 封面设计：墨创文化

科学出版社出版

北京东黄城根北街16号
邮政编码：100717
http://www.sciencep.com

四川煤田地质制图印刷厂印刷

科学出版社发行　各地新华书店经销

*

2018年4月第　一　版　　开本：720×1000　B5
2018年4月第一次印刷　　印张：7 3/4
字数：160 千字

**定价：82.00 元**

**（如有印装质量问题，我社负责调换）**

# 前　言

茎柔鱼广泛分布于东太平洋，自加利福尼亚(37°N)至智利的南部(47°S)，茎柔鱼是柔鱼科中资源量极为丰富的种类之一，在海洋生态系统中具有重要的地位。对茎柔鱼资源进行合理开发及科学管理，了解和掌握其基础生物学是关键。角质颚和内壳是头足类的重要硬组织，储存着大量的生物学和生态信息。为此，本书拟通过分析茎柔鱼角质颚、内壳的微结构和微化学，了解和掌握茎柔鱼的生长、种群结构、栖息环境和生活史信息，为全面掌握茎柔鱼渔业资源生物学提供基础。

本书所涉及的研究是在中国远洋渔业协会和中国远洋渔业数据中心的支持下，以东南太平洋茎柔鱼资源生产性常规调查项目为基础，并通过这一调查项目连续采集秘鲁外海茎柔鱼样本和生产信息获得相关数据的。通过分析角质颚微结构生长纹并以耳石轮纹来验证，估算茎柔鱼的日龄，利用角质颚微结构研究茎柔鱼的日龄、生长和种群结构；通过分析角质颚的外部形态特征，建立角质颚外部形态参数与茎柔鱼的日龄、个体大小及体重之间的关系，并分析个体生长对角质颚外部形态的影响；利用神经网络模型研究角质颚色素沉着与茎柔鱼生长的关系，初步探讨角质颚色素沉着对茎柔鱼食性变化的影响；利用 LA-ICP-MS 法测定不同生长阶段茎柔鱼角质颚和耳石的微量元素，分析角质颚与耳石微量元素沉积的同步性，并尝试分别利用茎柔鱼早期角质颚和耳石微量元素划分不同产卵群体。同时，通过对内壳进行连续切割，测定连续切割片段的碳、氮稳定同位素比值，比较个体(群体)间营养生态位(isotopic niche)和内壳稳定同位素比值连续序列差异；探索硬组织连续取样分析对茎柔鱼个体摄食习性和栖息地变化研究的可行性，并初步分析其在生长发育过程中的食性转换和洄游习性。全书分为 8 章，初步对基于角质颚和内壳为基础的秘鲁外海茎柔鱼渔业生态学进行系统总结和归纳。

本书系统性和专业性强，可供从事海洋科学、水产和渔业研究的科研人员和研究单位使用。由于时间仓促，覆盖内容广，国内没有同类的参考资料，因此难免会存在一些疏漏，望读者提出批评和指正。

本书得到了上海市高峰Ⅱ学科(水产学)、国家自然科学基金(编号 NSFC41476129)等项目的资助。同时也得到国家远洋渔业工程技术研究中心、大洋渔业资源可持续开发省部共建教育部重点实验室的支持，以及农业部科研杰出人才及其创新团队——大洋性鱿鱼资源可持续开发创新团队的资助。

# 目　　录

# 第1章　引　　言

## 1.1　问 题 提 出

茎柔鱼(*Dosidicus gigas*)隶属柔鱼科(Ommastrephidae)茎柔鱼属(*Dosidicus*)，在柔鱼科中，茎柔鱼是个体最大、资源量极为丰富的种类之一。茎柔鱼广泛分布于东太平洋，自加利福尼亚(37°N)至智利的南部(47°S)，从南美洲、北美洲的沿岸一直延伸到125°W(图1-1)。在加利福尼亚湾、哥斯达黎加、秘鲁和智利海域，茎柔鱼是重要的渔业捕捞对象。茎柔鱼在秘鲁海域的资源量最为丰富，是秘鲁海域极重要的渔业资源之一。在秘鲁海域，茎柔鱼渔业始于1961年，以当地的手钓作业为主。在1991年，日本和韩国鱿钓船在秘鲁海域对茎柔鱼进行了探捕和调查，并取得了成功。随后，茎柔鱼资源被大规模地开发。2001年，我国在秘鲁外海进行了首次探捕调查，并取得了成功，产量达到$1.8\times10^4$t。

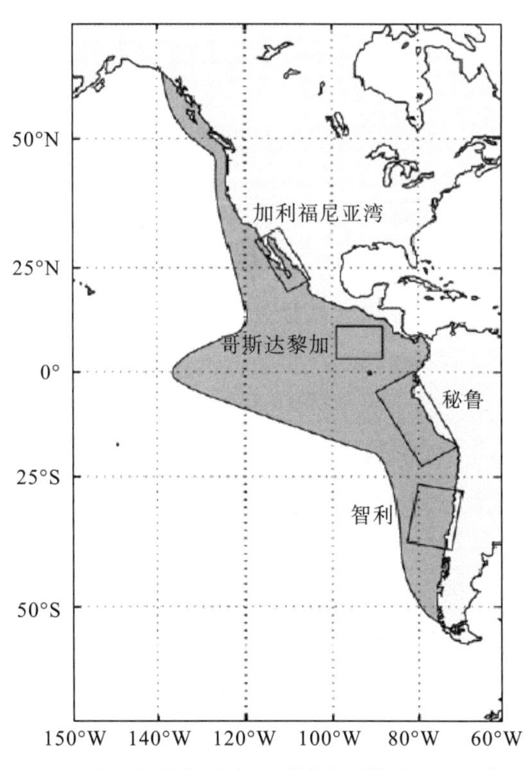


图1-1　茎柔鱼分布图(长方形为主要作业渔场区域)

据联合国粮食及农业组织(Food and Agriculture Organization，FAO)统计，2000年茎柔鱼总产量为$21.0\times10^4$t，随后呈现上升的趋势，2004年总产量达$83.5\times10^4$t(图1-2)。2004～2013年，尽管茎柔鱼的总产量有所波动，但均保持在$60\times10^4$t以上，2012年达到历史最高产量，为$95.1\times10^4$t，2013年总产量为$84.7\times10^4$t。其中，2012年中国的茎柔鱼产量为$26.1\times10^4$t，2013年中国的产量达$26.4\times10^4$t(图1-2)。

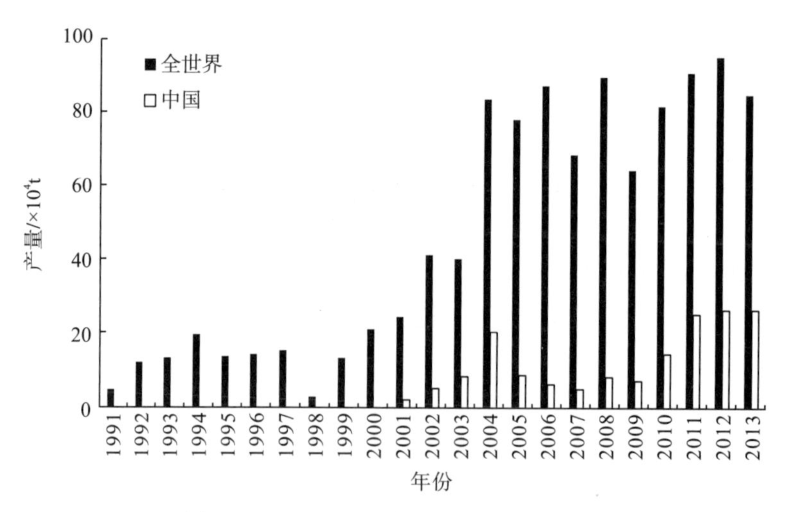


图 1-2 1991～2013 年茎柔鱼产量分布图

茎柔鱼是主动的捕食者，主要捕食的种类为浮游动物、甲壳类、鱼类和头足类，同时茎柔鱼还是许多大型鱼类、海鸟以及海洋哺乳动物的重要捕食对象，在海洋生态系统中具有重要地位。然而，茎柔鱼种群结构复杂，资源丰度易受环境的影响，因此了解和掌握茎柔鱼的资源量及其生活史信息，对东南太平洋海洋生态系统的研究具有重要作用。

耳石是位于平衡囊内的一对钙化组织，在头足类游动过程中具有探测身体速度的作用。耳石储存着大量的信息，被形象地称为生命记录的“黑匣子”。头足类耳石生长纹的沉积具有日周期性的假说已被证实，此后耳石便作为最常用的硬组织被应用于头足类的日龄鉴定。角质颚是头足类的主要摄食器官，与耳石等其他硬组织一样，具有稳定的形态特征、良好的信息储存以及耐腐蚀等特点，被广泛应用于头足类的日龄估算。基于生物体钙化组织中微量元素与同位素等微化学的分析已经成为一种新兴的手段，被应用于研究海洋生物的种群结构和栖息环境。头足类的耳石与鱼类的耳石在结构上有很多相似之处，具有由蛋白质和文石交替沉积的生长纹。生长纹的日周期性证实物质在耳石上的沉积贯穿于生物体的整个生命周期，这也使得通过分析耳石的微化学来研究头足类的生活史成为可能。角质颚主要由几丁质和蛋白质组成，与耳石相似的是，角质颚喙部矢状切面同样具有明暗交替的生长纹，因此物质在角质颚上的沉积也贯穿于生物体的整个生命周期。

内壳也是头足类重要的硬组织之一，它是由几丁质和蛋白质分子构成的稳定角质结构，其生长发育具有不可逆性且生长贯穿整个生活史过程，从而可以包含头足类生活史过程中的全部信息。

为此，本书拟通过分析茎柔鱼角质颚、内壳的微结构，辅以较为成熟的耳石分析手段，找出更为便捷的方法来研究茎柔鱼的日龄、生长和种群结构；通过分析角质颚的外部形态特征，研究角质颚的外部形态特征与茎柔鱼的生长和摄食习性的关系；通过分析茎柔鱼角质颚的微量元素，辅以耳石微化学手段，了解和掌握茎柔鱼的栖息环境和生活史特性，同时对茎柔鱼个体内壳生长纹片段连续切割，分析切割后各片段的 C、N 稳定同位素比值信息，探索群体间及同一群体内茎柔鱼个体生长发育过程中的食性转换和洄游习性，为全面掌握茎柔鱼渔业基础生物学提供科学依据。

## 1.2　茎柔鱼渔业生物学国内外研究现状

日龄与生长是研究鱼类生物学最基本的内容之一，对种群生态学的研究及渔业资源的保护和管理具有重要的作用。头足类日龄与生长早期的研究主要以体长频度法为主(Nesis，1970)，然而体长频度法并不适用于头足类，头足类不仅生长迅速、个体大、生命周期短、常年产卵，而且其具有洄游习性，导致不同世代的群体混合在一起，因而在进行日龄和生长的分析时无法排除不同群体之间的干扰(Jackson and Choat，1992；Jackson et al.，2000)。

Young(1960)最先在真蛸耳石中发现了生长纹，Lipinski(1979)提出了“一日一轮”的假说，随后头足类耳石生长纹的沉积具有日周期性的假说被证实(Hurley et al.，1985；Odense，1985)，此后耳石便成为最常用的硬组织被应用于头足类的日龄鉴定(Bettencourt and Guerra，2000；Semmens and Moltschaniwskyj，2000)。

一般认为，茎柔鱼的生命周期约为 1 年，然而大个体群体中的一些个体大的茎柔鱼(ML>750mm)，生命周期可达 1.5～2 年(Nigmatullin et al.，2001)。Liu 等(2013a)利用耳石微结构研究了秘鲁外海茎柔鱼的日龄和生长，发现日龄为 144～633d，冬春季产卵群体的日龄与胴长符合线性模型，夏秋季产卵群体的日龄与胴长符合幂指数模型。Chen 等(2011)利用耳石微结构估算了智利外海茎柔鱼的日龄，雌性个体的日龄为 150～307d，雄性个体的日龄为 127～302d，春季产卵群体的茎柔鱼日龄与胴长和体重分别符合线性关系和指数关系，秋季产卵群体的茎柔鱼日龄与胴长和体重分别符合幂指数关系和指数关系。在墨西哥加利福尼亚湾，茎柔鱼的日龄与胴长符合逻辑斯谛模型，胴长的绝对生长率(absolute growth rate，AGR)大于 2mm/d 的时间能够超过 5 个月，雌性个体在 230～250d 达到最大 AGR(2.65mm/d)，雄性个体在 210～230d 达到最大 AGR(2.44mm/d)(Markaida et al.，2004)。在下加利福尼亚西部沿岸海域，雌性个体在 220d 达到最大 AGR(2.09mm/d)，雄性个体在 200d 达到最大 AGR(2.1mm/d)(Mejia-

Rebollo et al.，2008）。在哥斯达黎加外海，茎柔鱼的日龄与胴长符合线性模型，雌性和雄性个体的年龄与体重分别符合指数和幂指数关系，雌性茎柔鱼的胴长在181～210d 生长率达到最大，最大 AGR 和最大瞬时生长率(*G*)分别为 1.46mm/d 和 0.52，雄性茎柔鱼的胴长在 151～180d 生长率达到最大 AGR(2.07mm/d)和最大 *G*(0.85)(Chen et al.，2013)。

角质颚是头足类的主要摄食器官，在角质颚的喙部矢状切面和侧壁上均具有生长纹结构（Hernández-López et al.，2001；Liu et al.，2015）。Raya 和 Hernández-González(1998)在真蛸角质颚喙部矢状切面发现了生长纹，并认为上角质颚喙部中线上的生长纹较下角质颚更完整。通过对生长纹的分析，认为生长纹的沉积是连续的，很可能具有日周期性。Hernández-López 等(2001)研究了真蛸角质颚侧壁上的生长纹，发现上角质颚侧壁上的生长纹的沉积具有规律性，而下角质颚侧壁上的带状模式不具有规律性。养殖刚孵化的幼体并对其进行研究，发现 48.1%的幼体上颚侧壁生长轮纹与生长天数相等，22.2%和 29.6%的幼体分别比生长天数多一天和少一天，因此孵化后上颚侧壁的生长轮纹便开始沉积，并具有日周期性。Perales-Raya 等(2010)通过分析真蛸角质颚来估算日龄，在对生长纹进行计数时，上颚矢状切面生长纹的精确度最高，上颚侧壁生长纹的精确度最低。上颚矢状切面生长纹数与上颚侧壁生长纹数差异性显著，而与下颚矢状切面生长纹数差异性不显著。Canali 等(2011)利用“温度突变标记”法研究了真蛸上颚侧壁的生长纹，认为上角质颚生长纹能够用于日龄估计，并且标记着环境影响个体的突发事件。研究表明，在不同产卵群体以及不同性别间真蛸的生长具有差异性，轮纹的间距与季节的温度变化密切相关。Dei Becchi 和 Di(2011)利用上颚侧壁进行了研究，分析了不同生长阶段及不同性别生长纹与胴长及体重的关系。Castanhari 和 Tomás(2012)分析了真蛸上颚侧壁的生长纹，并研究了生长纹与胴长、体重以及上角质颚脊突长的关系，发现通过计数上颚侧壁的生长纹能够简单有效地估算日龄。Perales-Raya 等(2014)利用角质颚对衰老的真蛸进行了日龄估算，并对上颚喙部矢状切面的标记轮进行了研究，发现海表温度日变化最大时发生在真蛸生活史的最后几个月，并与角质颚上的标记轮相一致，从而证实了角质颚喙部矢状切面生长纹的沉积具有日周期性。Perales-Raya 等(2014)通过观察上角质颚喙部矢状切面微结构，发现普遍存在着标记轮，这些标记轮被认为可能记录着个体的生活史信息。

在以往的研究中，主要是利用耳石微结构来估算茎柔鱼的日龄，但是耳石的体积小，在日龄鉴定中研磨较为困难，因此应寻找更为便捷的方法估算茎柔鱼的日龄。研究头足类生长的模型主要为线性模型和非线性模型，其中非线性模型主要为指数、幂指数和逻辑斯谛方程等。头足类的生长受生物因素(饵料、敌害等)

和非生物因素(光照、温度、溶解氧等)的影响，因此不同的性别、生长阶段、种群和地理区域，其适合的生长方程也会不同(Markaida et al.，2004)。在研究头足类整个生命周期的生长时，可能需要结合使用多种模型，一般采用相关系数、变异系数(CV)以及赤池信息准则(Akaike information criterion，AIC)值来选择最佳生长模型(Chen et al.，2011；Arkhipkin et al.，2000)。

### 1.2.1 种群结构组成

头足类种群结构的研究方法有很多，可以利用形态学对种群进行划分、对不同地理区域的群体进行划分、根据对其日龄的判读来推算不同的产卵群体以及利用分子生物学来鉴别不同的种群等。

Arkhipkin 和 Murzov(1986)研究了厄瓜多尔和秘鲁专属经济区外的茎柔鱼样本，发现两个个体大小不同的群体性成熟时的日龄和个体大小不同。Masuda(1998)通过分析秘鲁外海茎柔鱼耳石微结构，发现茎柔鱼生命周期约1年，并且两个个体大小不同的群体性成熟时的个体大小不同。Argüelles 等(2001)通过分析秘鲁茎柔鱼耳石的微结构，将秘鲁海域的茎柔鱼划分为胴长小于490mm 和大于520mm 的两个种群。而 Nigmatullin 等(2001)根据性成熟个体的胴体大小，将茎柔鱼划分为大、中、小3个群体。

Liu 等(2015a，2015b)分析了厄瓜多尔、秘鲁和智利外海的茎柔鱼及其角质颚的形态变量，发现不同地理群体间存在差异，这些形态变量可以有效地对不同地理群体进行判别。Wormuth(1970)通过研究茎柔鱼的个体大小，发现在赤道以北的海域胴长大于400mm 的个体很稀少，然而在赤道以南的海域可以见到胴长大于1m 的个体。Liu 等(2015b，2015c)分析了哥斯达黎加、秘鲁和智利外海茎柔鱼生长初期耳石的微量元素，认为早期耳石微量元素可以用来区分不同地理群体和鉴定出生地，发现茎柔鱼至少有两个洄游种群，分布在东太平洋的北部和南部。

Liu 等(2013a)通过分析秘鲁外海茎柔鱼耳石的微结构，推算其孵化日期，发现茎柔鱼为全年产卵，将其划分为冬春生群体和夏秋生群体。Liu 等(2015b，2015c)分析了智利外海茎柔鱼不同产卵群体耳石的微量元素，发现耳石微量元素可以用来划分不同的产卵群体，并认为耳石微量元素可以用于种群结构和栖息环境的研究。

进入21世纪以后，随着分子生物学的迅速发展，分子生物技术也越来越多地被应用于头足类种群结构的研究，其中包括微卫星 DNA、线粒体 DNA 序列多态性以及随机扩增多态性(RAPD)等。Sandoval-Castellanos 等(2010)利用 RAPD

法对墨西哥、秘鲁以及智利海域的茎柔鱼进行了分析，将其划分为南半球群体和北半球群体。

### 1.2.2 洄游特性的研究

头足类在各个生长阶段均具有洄游的习性，洄游特性与水温、海流、盐度等海洋环境因子密切相关，而食物被认为是影响洄游行为的关键因素(Roper and Young，1975；O'Dor and Balch，1985)。Nigmatullin 等(2001)认为，茎柔鱼仔稚鱼栖息在温度较高的表层水域，亚成鱼和成鱼则迁移到温度较低的深水区，仔稚鱼在表层水域的温度为 15～32℃，在深水区的温度为 4.0～4.5℃。

Gilly 等(2006)利用电子标记法研究茎柔鱼的水平和垂直洄游，发现茎柔鱼游泳速度大于 30km/d，白天大部分时间在 250m 以下，黄昏时分游向表层摄食，茎柔鱼会持续在表层和最小含氧水层进行摄食。Liu 等(2011)分析了茎柔鱼不同生长阶段耳石的微量元素，认为仔稚鱼栖息在表层水域，亚成鱼期向更深、更寒冷的水域迁移。Zumholz 等(2007)通过分析耳石微量元素对黵乌贼的生活史进行研究时，同样发现了这一现象。Lorrain 等(2011)对茎柔鱼内壳的 $\delta^{13}C$ 进行了分析，发现茎柔鱼可能具有多个洄游过程，反映了茎柔鱼对外界环境较强的适应性。Bazzino 等(2010)通过研究茎柔鱼的摄食和洄游，发现茎柔鱼能够改变自己的行为和食性来适应外界环境，这种强的适应性可能是茎柔鱼分布范围扩大的重要因素。

## 1.3 研究内容

本书根据中国鱿钓船在秘鲁外海采集的茎柔鱼样本，分析茎柔鱼角质颚的微结构和微化学，并与耳石进行了比较。通过分析角质颚和耳石微结构的生长纹来估算茎柔鱼的日龄，利用角质颚微结构研究茎柔鱼的日龄、生长和种群结构；通过分析角质颚的外部形态特征，利用角质颚的外部形态参数估算茎柔鱼的个体大小、资源量和日龄，并分析个体生长对角质颚外部形态的影响，利用神经网络模型研究角质颚色素沉着与茎柔鱼生长的关系，初步探讨角质颚色素沉着对茎柔鱼食性变化的影响；分析角质颚与耳石微量元素沉积的同步性，并尝试分别利用茎柔鱼早期耳石和角质颚微量元素划分不同产卵群体。同时，利用秘鲁外海茎柔鱼内壳的形态学参数，结合胴长与体重数据，分析其与茎柔鱼个体生长的关系，对比内壳不同结构的生长特点，并探讨造成其结构间生长差异的原因；通过测定内壳的 $\delta^{13}C$ 和 $\delta^{15}N$，探索群体间及同一群体内茎柔鱼个体生长发育过程中的食性转换和洄游习性。具体研究内容如下：

(1)茎柔鱼角质颚微结构及轮纹判读。通过分析茎柔鱼耳石和角质颚的微结构，对微结构的生长纹进行计数，并对耳石和角质颚微结构的轮纹数进行差异性分析，探讨利用角质颚微结构估算茎柔鱼日龄的可行性。

(2)基于角质颚的茎柔鱼日龄、生长和种群结构的研究。通过对秘鲁外海茎柔鱼上角质颚喙部矢状切面分析，利用上角质颚微结构的生长纹估算茎柔鱼的日龄，结合捕捞日期推算出孵化日期，并将茎柔鱼划分为不同的产卵群体，建立日龄与胴长、体重的关系，尝试利用角质颚微结构研究茎柔鱼的日龄和生长，并对茎柔鱼的种群结构进行探讨。

(3)茎柔鱼角质颚的形态学及其与个体生长的关系。分析秘鲁外海茎柔鱼角质颚的形态特征，对角质颚的形态参数与胴长、体重和日龄建立关系，使角质颚成为一种有效的工具来估算茎柔鱼的个体大小、生物量和日龄；同时研究茎柔鱼在不同胴长组、不同日龄组以及不同性腺成熟阶段其角质颚的形态差异，初步探讨角质颚的形态变化与茎柔鱼食性的关系。

(4)茎柔鱼角质颚的色素沉着及其与个体生长关系的研究。利用神经网络模型定量地分析茎柔鱼及其角质颚的生长对角质颚色素沉着的影响，建立各输入变量与角质颚色素沉着等级的关系，找出影响角质颚色素沉着的主要因子，探讨角质颚色素沉着与茎柔鱼生长的关系，初步探讨角质颚色素沉着对茎柔鱼食性变化的影响。

(5)茎柔鱼角质颚和耳石微化学分析与比较。利用LA-ICP-MS法分析茎柔鱼耳石和角质颚不同生长阶段微量元素的组成，通过对耳石和角质颚微量元素进行相关性分析，探讨耳石和角质颚微量元素沉积的同步性；通过比较不同生活史时期耳石和角质颚微量元素的变化，分析茎柔鱼从仔鱼到成鱼的栖息环境和生活史信息；通过比较不同产卵群体早期耳石和角质颚微量元素的差异，分析温度对耳石和角质颚微量元素沉积的影响，并分别利用茎柔鱼生长初期耳石和角质颚的微量元素判别不同产卵群体，为茎柔鱼种群划分提供新的思路。

(6)基于内壳稳定同位素信息的秘鲁外海茎柔鱼摄食与洄游研究。通过测量秘鲁外海茎柔鱼内壳的形态学参数，结合胴长与体重数据，分析其与茎柔鱼个体生长的关系，对比内壳不同结构的生长特点，并探讨造成其结构间生长差异的原因。采用茎柔鱼耳石进行年龄鉴定，建立内壳叶轴生长方程，根据生长方程将内壳叶轴生长纹片段进行连续切割，测定切割后各片段的$\delta^{13}C$和$\delta^{15}N$，比较个体(群体)间的营养生态位和内壳稳定同位素比值连续序列差异，探索群体间及同一群体内茎柔鱼个体生长发育过程中的食性转换和洄游习性。

# 第2章　茎柔鱼角质颚微结构及轮纹判读

## 2.1　材料与方法

### 2.1.1　样本采集

茎柔鱼样本采集时间为2013年7～10月，作业海域为79°57′～83°24′W、10°54′～15°09′S。样本委托普陀远洋渔业有限公司所属的“普远802”专业鱿钓船在秘鲁外海生产期间采集，渔船总长50.5m、型宽8.0m、型深3.8m；总吨(ITC)477t，净吨156t，冷藏鱼舱301.3$m^3$，油舱201.3$m^3$；主机功率551kW，副机功率255kW×2台、181.8kW×1台、32kW×1台；集鱼灯160盏×1kW，水下灯2盏×5kW。每一采集站点的样本从渔获物中随机获得，每次约为30尾，采集的样本冷冻后运回实验室，本书按其个体大小选取了其中的39尾茎柔鱼样本。

### 2.1.2　实验方法

1. 生物学测定与耳石、角质颚的提取

将茎柔鱼样本带回实验室解冻后进行生物学测定，测量内容包括胴长(mm)、体重(g)，并鉴别性别和性成熟度。

用镊子轻轻地将耳石从平衡囊取出后，然后存放于盛有95%乙醇溶液的2mL离心管中，以便清除包裹耳石的软膜和表面的有机物，对其进行编号并与生物学测定的参数相对应。

角质颚位于头部口器中，下颚盖嵌上颚，因此提取角质颚时应先用镊子取出下颚，再取上颚。将角质颚取出后，用水将其清洗干净，尽量去除附在表面的有机物质，并将其保存在盛有70%乙醇溶液的50mL离心管中，对其进行编号并与生物学测定的参数相对应。

2. 耳石、上角质颚和下角质颚切片制作

茎柔鱼角质颚微结构的生长纹位于喙部矢状切面上(图2-1)，对耳石采取纵截面研磨，其背区微结构的生长纹较为清晰(图2-2)。耳石、上角质颚和下角质颚切片的制作均包括三个步骤，即包埋、研磨和抛光。包埋的目的是固定耳石和角质颚，将耳石和角质颚放入长方形塑料模具中，加入固化剂和冷埋树脂进行包埋；待其硬化后在 Stuers® 专业研磨机上依次使用 600grits、1200grits 和 2000grits 防水耐磨砂纸进行研磨，直至研磨到理想的切面；待两面都研磨完毕后，再用 0.3μm 氧化铝水绒布进行抛光；最后将制备好的切片保存在鳞片袋中，并做好标记。

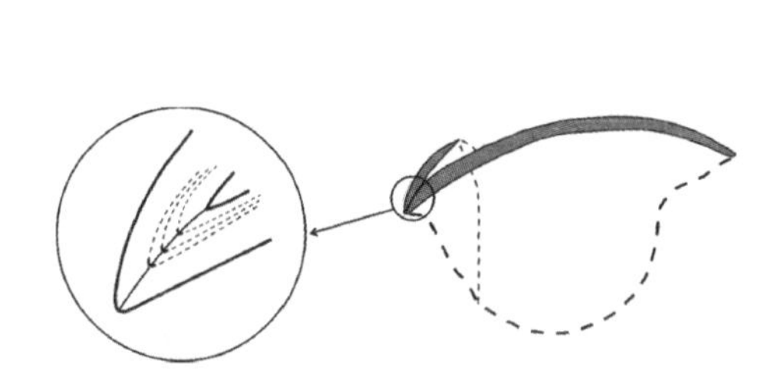

图 2-1　上角质颚喙部矢状切面
［引自 Perales-Raya 等(2010)］

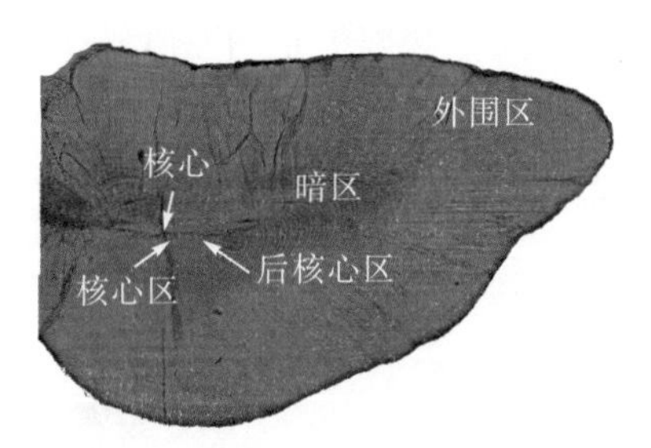


图 2-2　茎柔鱼耳石背区微结构

3. 轮纹计数

研磨好的耳石切片在连接有 CCD 的 Olympus 双筒光学显微镜 400 倍下拍照，研磨好的上角质颚和下角质颚切片在连接有 CCD 的 Olympus 双筒光学显微镜 100 倍下拍照，然后利用 Photoshop 7.0 对图片进行叠加处理，得到完整的耳石和角质颚图片。每一图片上的生长纹由两个观察者分别计数一次，如两者计数的轮纹数与均值的差值低于 10%，则认为准确，否则计数无效(Yatsu et al.，1997)。

### 2.1.3　数据分析

1. 轮纹数差异性分析

利用均值检验(*t*-test)法对耳石轮纹数与上颚轮纹数、耳石轮纹数与下颚轮纹数以及上颚轮纹数与下颚轮纹数进行差异性分析，检验耳石、上角质颚和下角质颚轮纹数是否具有显著差异。

2. 轮纹数相关分析

利用典型相关分析理论，分析耳石轮纹数、上颚轮纹数和下颚轮纹数三者的相关关系，检验三者之间是否具有显著相关性。

本研究均利用 SPSS 17.0 软件进行统计分析。

# 2.2 研究结果

## 2.2.1 上角质颚和下角质颚的微结构

1. 上角质颚微结构

上角质颚喙部矢状切面微结构的生长纹从喙的顶端一直延续到头盖与脊突的交汇点，由明暗交替的轮纹组成，头盖区和侧壁区的生长纹对称地分布在喙部截面纵轴的两侧，其中平行于角质颚边缘细且紧密的生长纹被称为喙部纵向生长纹[图 2-3(a)]。

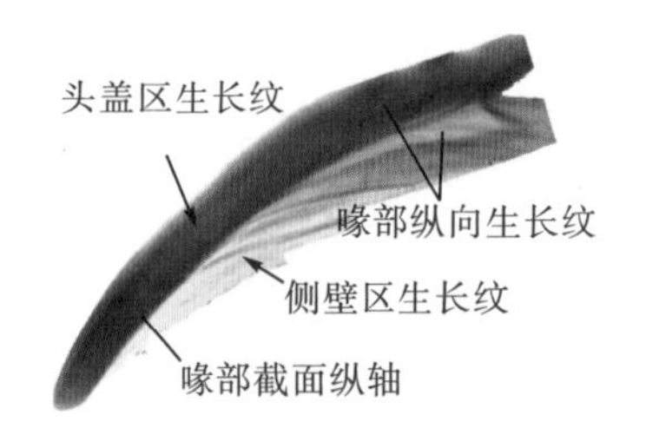


(a)茎柔鱼上角质颚喙部矢状切面微结构

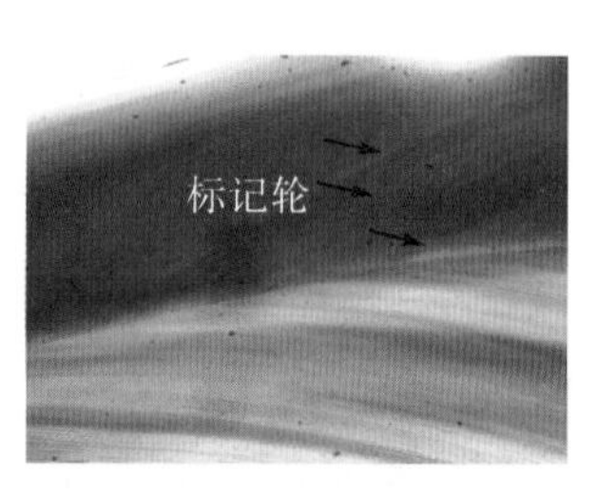


(b)标记轮结构

(c)亚日轮结构

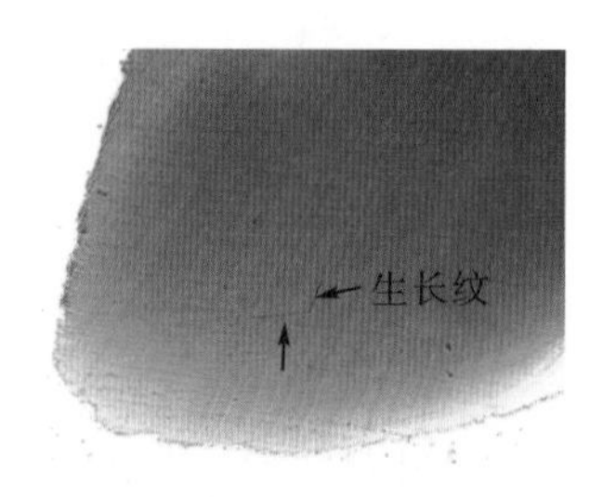


(d)与生长纹相交的纹状结构

(e)头盖背侧生长纹

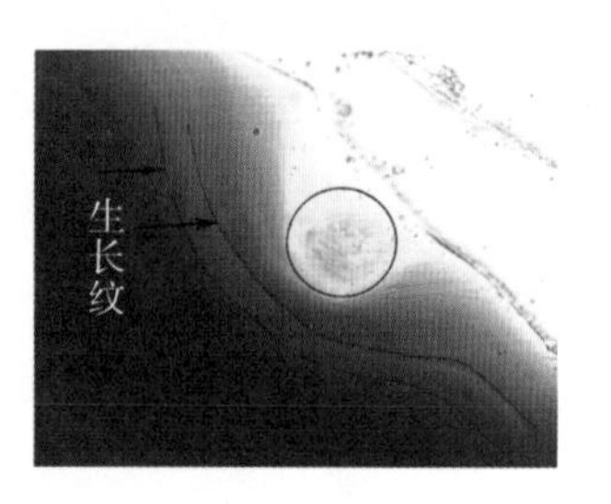


(f)异常结构

图 2-3 茎柔鱼上角质颚微结构

通过对上角质颚喙部矢状切面微结构分析发现，以喙部截面纵轴为界，头盖区角质颚的色素沉着较侧壁区深[图 2-3(a)]。与耳石微结构相似，上角质颚喙部矢状切面微结构中普遍存在标记轮，标记轮所在的区域其明带较一般轮纹亮或暗带色素沉着较一般轮纹深[图 2-3(b)]。上角质颚喙部矢状切面生长纹同样具有亚日轮结构，其暗带色素沉着较日轮浅[图 2-3(c)]。上角质颚喙部矢状切面不仅具有明暗交替的生长纹结构，还具有与生长纹相交的纹状结构[图 2-3(d)]。通过观察头盖背侧的生长纹，发现越接近头盖背侧边缘，生长纹越细，且生长纹的间距越小[图 2-3(e)]。在摄食的过程中，喙部常常被腐蚀，位于喙部顶端的生长纹通常看不到，但可以观察头盖背侧边缘的生长纹来消除此影响[图 2-3(e)]。在 1 尾雄性茎柔鱼角质颚中发现了极其特殊的结构，该样本头盖背侧的生长纹好像被异物阻挡，具有非常明显的扭曲现象[图 2-3(f)]。

2. 下角质颚微结构

与上角质颚相比，下角质颚喙部矢状切面微结构的生长纹也是从喙的顶端一直延续到头盖与脊突的交汇点，头盖区和侧壁区的生长纹对称地分布在喙部截面纵轴的两侧[图 2-4(a)]，具有明显的标记轮[图 2-4(b)]，其亚日轮结构较为普遍，有时很难分辨亚日轮与日轮[图 2-4(c)]。下角质颚喙部矢状切面的生长纹在越接近头盖背侧边缘的区域越细，且生长纹的间距越小，尽管通过观察头盖背侧边缘的生长纹可消除喙部腐蚀所产生的影响，然而与上角质颚相比，下角质颚微结构上第一生长纹与头盖背侧边缘的交汇点距离喙部的顶端较近[图 2-4(d)]。在 1 尾雌性茎柔鱼角质颚中发现了较为特殊的结构，该样本喙部截面纵轴出现部分缺失的现象，下角质颚在生长过程中在该区域没有完全愈合[图 2-4(e)]。与上角质颚相比，下角质颚喙部截面纵轴的弯曲程度更大，在喙部截面纵轴以及其周围区域的色素沉着较浅，在头盖区和侧壁区的色素沉着较深[图 2-4(a)]。

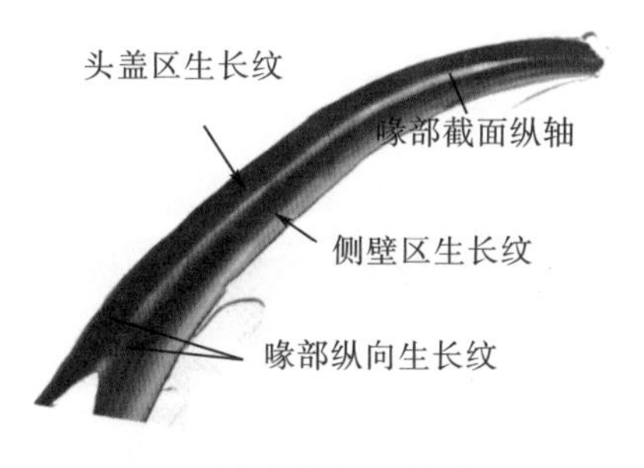


(a)喙部矢状切面微结构

(b)标记轮结构

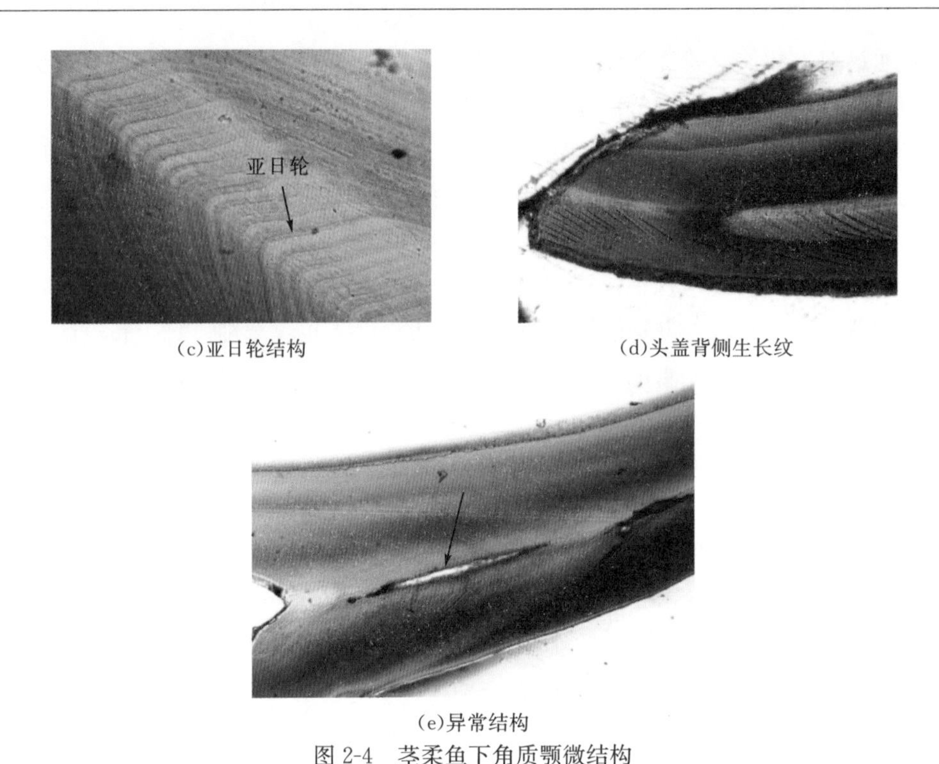


(c)亚日轮结构　(d)头盖背侧生长纹

(e)异常结构

图 2-4　茎柔鱼下角质颚微结构

## 2.2.2　上角质颚和下角质颚微结构生长纹的比较

分析认为，样本的胴长为 234～349mm，耳石、上角质颚和下角质颚平均轮纹数为 164～264，耳石、上角质颚和下角质颚与胴长较为符合线性相关关系（图 2-5）。采用典型相关分析法对上角质颚和下角质颚微结构的轮纹数进行研究，结果显示，上颚轮纹数和下颚轮纹数的相关性达到了极显著水平（$P<0.01$）。利用均值分析（$t$-test）法，发现上颚轮纹数与下颚轮纹数均呈线性相关关系（图 2-6），并且其斜率与 1 差异性不显著（$P>0.01$），相关系数 $R^2$ 均接近 1。

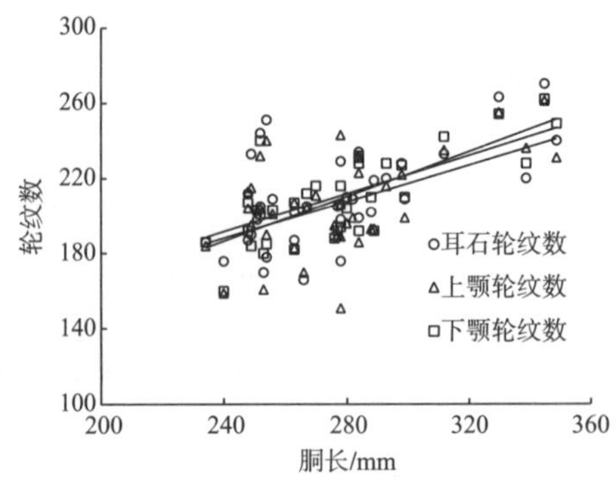


图 2-5　茎柔鱼的胴长及其所对应的耳石和角质颚的轮纹数

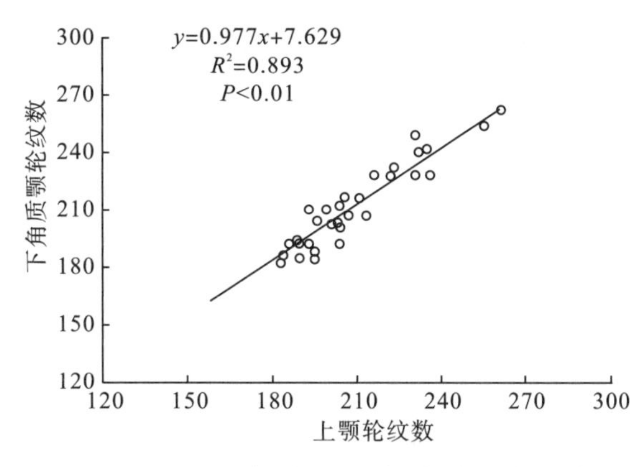


图 2-6　茎柔鱼上角质颚和下角质颚轮纹数的关系

### 2.2.3　角质颚轮纹判读结果与耳石的比较

采用典型相关分析法对耳石、上角质颚和下角质颚微结构的轮纹数进行研究，结果显示，耳石轮纹数与上、下角质颚轮纹数的相关性均达到了极显著水平($P<0.01$)。利用均值分析($t$-test)法，发现耳石轮纹数与上颚轮纹数、耳石轮纹数与下颚轮纹数均呈线性相关关系(图 2-7)，并且其斜率与 1 差异性不显著($P>0.01$)，相关系数 $R^2$ 均接近 1。

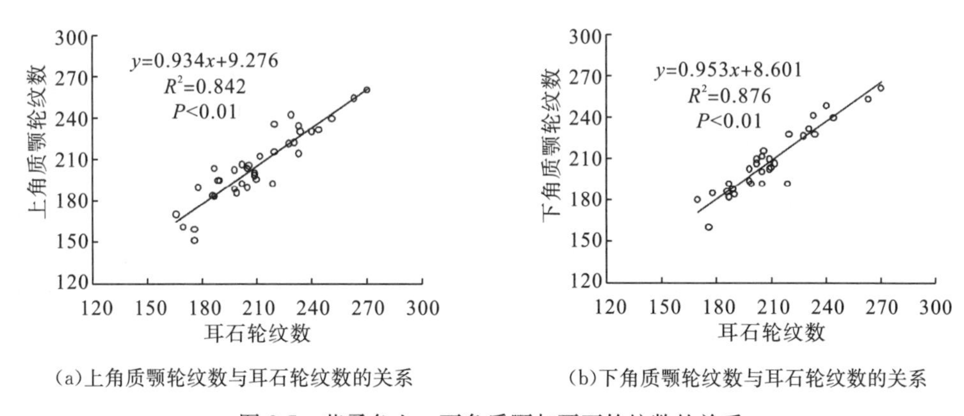


(a)上角质颚轮纹数与耳石轮纹数的关系　(b)下角质颚轮纹数与耳石轮纹数的关系

图 2-7　茎柔鱼上、下角质颚与耳石轮纹数的关系

## 2.3　讨论与分析

上角质颚喙部矢状切面生长纹对称地分布在喙部截面纵轴的两侧，比较头盖区和侧壁区的生长纹发现，由于侧壁区的色素沉着较头盖区浅，因此侧壁区的生长纹较容易观察到。然而，侧壁区的生长纹经常交错地重叠在一起，使得轮纹计

数不准确，而且侧壁区边缘的生长纹通常缺失，并不能显示所有的生长纹，因此需要通过观察头盖区的生长纹进行计数。

通过观察上角质颚喙部矢状切面微结构，发现普遍存在着标记轮，这些标记轮被认为可能记录着个体的生活史信息(Perales-Raya et al.，2014)，标记轮的产生可能与温度突变、风暴以及逃脱被捕食等外界环境的刺激有关(Arkhipkin，2005)。与耳石一样，在个别茎柔鱼上角质颚微结构中同样存在着亚日轮结构，在轮纹计数时应注意辨别。研究还发现，在上角质颚微结构中不仅具有明暗交替的生长纹结构，还具有与生长纹相交的纹状结构，这些纹状结构细且密，可能与角质颚在不同方向的沉积与生长有关。在茎柔鱼摄食的过程中，喙部常常被腐蚀，位于喙部顶端的生长纹通常看不到，但生长纹对称地分布在喙部截面纵轴的两侧，因此可以观察头盖背侧边缘的生长纹来消除此影响，Perales-Raya 等(2010)也认为可以通过观察头盖背侧边缘的生长纹来消除喙部被腐蚀所产生的影响。本书研究发现 1 尾茎柔鱼上角质颚微结构存在极其特殊的结构，该上角质颚头盖背侧的生长纹仿佛被异物阻挡，出现非常明显的扭曲现象，这种异常现象可能是茎柔鱼受到外界环境刺激所致，不过之后又逐渐恢复正常状态，形成较为规则的生长纹结构。

下角质颚与上角质颚的微结构十分相似，然而又有不同之处。与上角质颚一样，下角质颚也具有明暗交替的生长纹结构，具有明显的标记轮且其亚日轮结构更为普遍。与上角质颚相比，下角质颚微结构上第一生长纹与头盖背侧边缘的交汇点距离喙部的顶端较近，因此在轮纹计数时，较易受到喙部腐蚀的影响。下角质颚喙部截面纵轴的弯曲程度较上角质颚大，这可能与其各自的形态结构相关；上角质颚头盖区的色素沉着较侧壁区深，然而下角质颚在喙部截面纵轴以及其周围区域的色素沉着较浅，在头盖区和侧壁区的色素沉着较深，由此可以看出，上角质颚和下角质颚色素沉积模式可能不同。本书研究在 1 尾茎柔鱼下角质颚中发现较为特殊的结构，该样本喙部截面纵轴出现部分缺失的现象，该下角质颚在生长过程中在该区域没有完全愈合，可能是饥饿或遭受捕食者袭击所造成的。

茎柔鱼属大洋性头足类，利用实验室饲养法以及化学标记法证明其耳石轮纹具有日周期性是不可行的。然而，茎柔鱼所属柔鱼科的阿根廷滑柔鱼(*Illex argentinus*)(Uozumi and Shiba，1993)、双柔鱼(*Nototodarus sloanii*)(Uozumi and Ohara，1993)和太平洋褶柔鱼(*Todarodes pacificus*)(Nakamura and Sakurai，1991)等种类耳石生长纹的日周期性得到了证实。一般认为，生长纹相似并且分类地位上相近的两个种类，如果其中一个种类的耳石生长纹的日周期性被证实，则认为另外一个种类的耳石生长纹也具有日周期性(Liu et al.，2010)。因此，认为茎柔鱼耳石生长纹的沉积具有日周期性。

本书利用均值分析(*t*-test)法发现耳石轮纹数与上颚轮纹数、耳石轮纹数与下颚轮纹数以及上颚轮纹数与下颚轮纹数均呈线性相关关系，并且其斜率与 1 差异性不显著($P>0.01$)，相关系数 $R^2$ 均接近 1。因此认为茎柔鱼上角质颚和下角质颚喙部矢状切面的生长纹的沉积具有日周期性。Villegas Barcenas 等(2014)对玛雅蛸(*Octopus maya*)上、下角质颚喙部矢状切面的生长纹进行了研究，发现生长纹与实际日龄差异性不显著，从而证实了角质颚喙部矢状切面的生长纹具有日周期性。Perales-Raya 等(2014)利用化学标记法和实验室饲养法对真蛸(*Octopus vulgaris*)进行了研究，结果显示角质颚喙部矢状切面的生长纹具有日周期性。

Raya 等(1998)研究认为，上角质颚喙部矢状切面生长纹沿着喙部截面纵轴较下角质颚完整，但本书研究发现，上、下角质颚喙部矢状切面上的生长纹差异性不显著，而且角质颚喙部常常被腐蚀，因此喙部截面纵轴上的生长纹并不能代表所有的生长纹，需要观察头盖背侧边缘的生长纹来消除喙部腐蚀所产生的影响。

## 2.4　小　　结

利用角质颚和耳石对茎柔鱼进行日龄鉴定，可以发现角质颚比耳石容易提取，形态学参数的测量较耳石便捷，有利于形态学方面的研究；与耳石相比，角质颚的生长纹更加明显，且其生长纹的观察比耳石便捷得多。通过观察上、下角质颚喙部矢状切面的生长纹时发现，尽管上、下角质颚均能较好地对茎柔鱼进行日龄估算，但与上角质颚相比，下角质颚喙部矢状切面的亚日轮结构较为普遍，如果不能很好地辨别日轮与亚日轮，可能会影响日龄估算的准确性。综上所述，在今后的研究中应更多地利用上角质颚微结构研究茎柔鱼的日龄与生长。

# 第3章　基于角质颚的茎柔鱼日龄、生长和种群结构

## 3.1　材料与方法

### 3.1.1　样本采集

茎柔鱼样本采集的时间为2013年7～10月，作业的海域为79°57′～83°24′W、10°54′～15°09′S(图3-1)。样本委托普陀远洋渔业有限公司所属的“普远802”专业鱿钓船在秘鲁外海生产期间采集。每一采集站点的样本从渔获物中随机获得，每次约为30尾，采集的样本冷冻后运回实验室，样本总数为467尾，其中雌性个体295尾，雄性个体172尾。在本章研究中，276尾茎柔鱼的上角质颚被用于日龄估算。

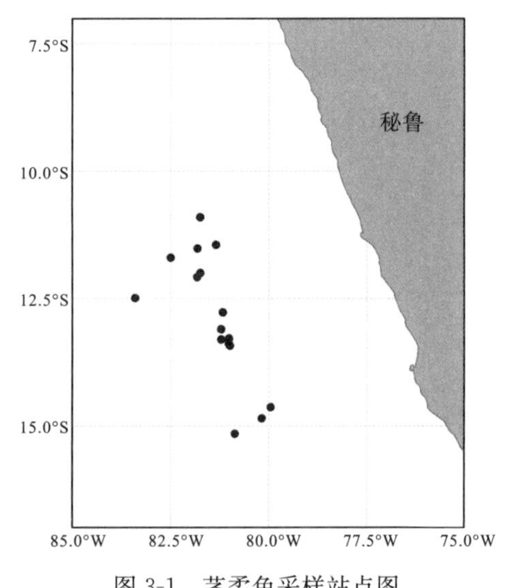


图3-1　茎柔鱼采样站点图

### 3.1.2　实验方法

1. 生物学测定与角质颚的提取

将茎柔鱼样本带回实验室解冻后进行生物学测定，测量内容包括胴长(mm)、体重(g)，精度分别为1mm和1g，鉴别性别并划分性成熟阶段，根据个体的发育情况可将其划分为未成熟期(Ⅰ和Ⅱ)、成熟期(Ⅲ)和已成熟期(Ⅳ和Ⅴ)(Lipiński and Underhill，1995)。角质颚提取和保存的方法见本书第2章。

2. 角质颚的切片制作和轮纹计数

角质颚切片制作和轮纹计数的方法见本书第2章。

3. 孵化日期的推算

胡贯宇等(2015)对茎柔鱼耳石和角质颚微结构进行了分析，研究发现耳石轮纹数和角质颚轮纹数间的差异性不显著($P>0.05$)，角质颚微结构可以用来估算茎柔鱼的日龄。捕捞日期减去估算的日龄即为茎柔鱼的孵化日期。

### 3.1.3 数据分析

1. 生长模型的选择

利用线性、指数、幂指数和对数模型来拟合日龄与胴长及体重的关系，并利用 AIC 值选择最佳模型，其中 AIC 值最小的模型为最佳模型。

2. 雌、雄个体生长的差异性检验

利用协方差分析法，分析日龄与胴长及体重的关系在雌雄个体间的差异性。

3. 生长率的计算

采用瞬时相对生长率 $G$(instantaneous relative growth rate)和绝对生长率 AGR(absolute growth rate)来分析茎柔鱼的生长，其计算方程分别为(Arkhipkin and Mikheev，1992)：

$$G=\frac{\ln S_2-\ln S_1}{t_2-t_1}\times 100\%$$

$$\mathrm{AGR}=\frac{S_2-S_1}{t_2-t_1}$$

式中，$S_2$为$t_2$时的体重(BW)或胴长(ML)；$S_1$为$t_1$时的体重(BW)或胴长(ML)；$G$为瞬时相对生长百分比；AGR 的单位为 mm/d 或 g/d。本书采用的时间间隔为 30d。

## 3.2 研究结果

### 3.2.1 胴长组成

雌性样本的胴长为 209～388mm，平均胴长为 274.7mm，优势胴长组为 230～290mm，占雌性样本总数的 69.5%[图 3-2(a)]。雄性样本的胴长为 205～396mm，平均胴长为 258.6mm，优势胴长组为 230～290mm，占雄性样本总数的 77.3%[图 3-2(b)]。雌、雄样本性成熟个体的胴长分别为 211～356mm 和 205～321mm。在雌性样本中，各胴长组均仅有少量性成熟个体[图 3-2(a)]，然而雄性样本中，胴长为200～260mm时，性成熟样本占该胴长组总样本数的48.0%，胴长为260～410mm时，性成熟样本占该胴长组总样本数的17.1%[图3-2(b)]。

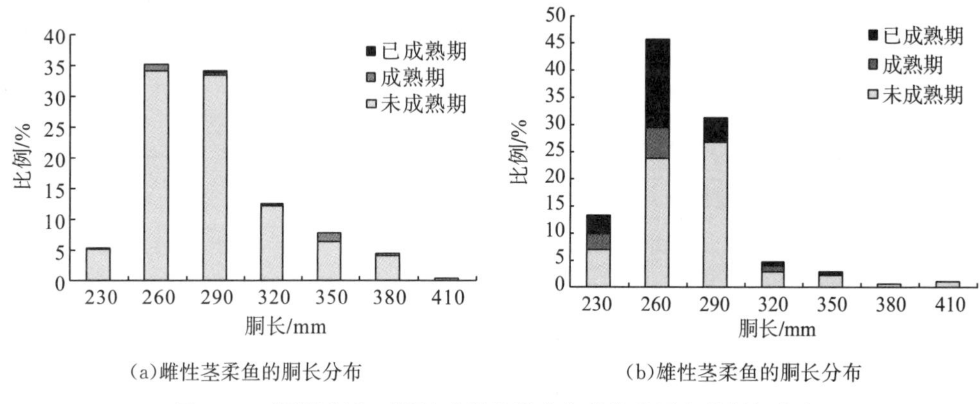


(a)雌性茎柔鱼的胴长分布　　(b)雄性茎柔鱼的胴长分布

图3-2　不同性别和不同性成熟阶段秘鲁外海茎柔鱼的胴长分布

### 3.2.2　日龄组成

雌、雄样本的日龄分别为123～298d和106～274d，平均日龄分别为195.8d和183.4d，优势日龄组均为150～240d，分别占雌、雄样本总数的89.4%和87.5%，雌、雄样本中性成熟个体的日龄分别为182～235d和135～225d(图3-3)。

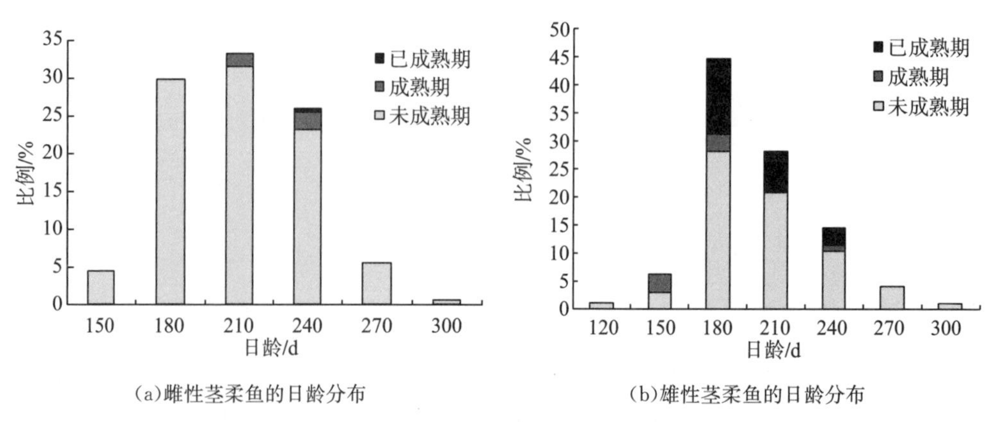


(a)雌性茎柔鱼的日龄分布　　(b)雄性茎柔鱼的日龄分布

图3-3　不同性别和不同性成熟阶段秘鲁外海茎柔鱼的日龄分布

### 3.2.3　孵化日期和产卵群体划分

根据日龄和捕捞日期来推算茎柔鱼的孵化日期，结果显示孵化日期为 2012 年 12 月 2 日至 2013 年 5 月 19 日(图 3-4)，根据茎柔鱼的孵化日期可将其划分为夏秋生产卵群体，孵化的高峰期在 1～3 月，占总数的 83.7%。

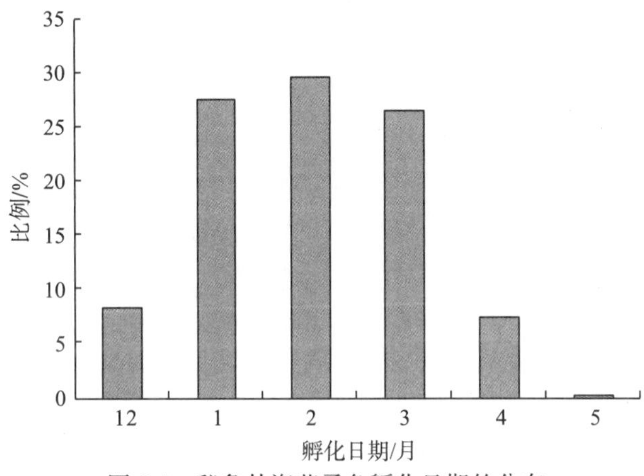


图 3-4　秘鲁外海茎柔鱼孵化日期的分布

### 3.2.4　生长模型

利用协方差分析法，检验日龄与胴长及体重的关系在雌雄个体间的差异性，结果显示差异性均不显著($P>0.05$)，因此在对日龄与胴长及体重建立关系时可将雌雄样本合并起来。根据 AIC 值对生长模型进行选择，日龄与胴长及体重的关系均较符合指数关系(图 3-5、图 3-6)。

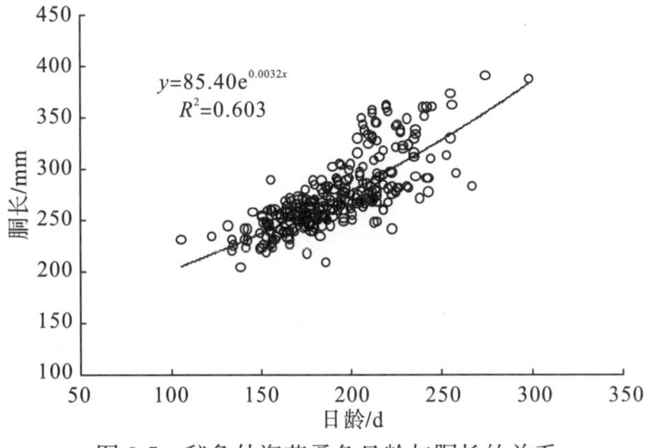


图 3-5　秘鲁外海茎柔鱼日龄与胴长的关系

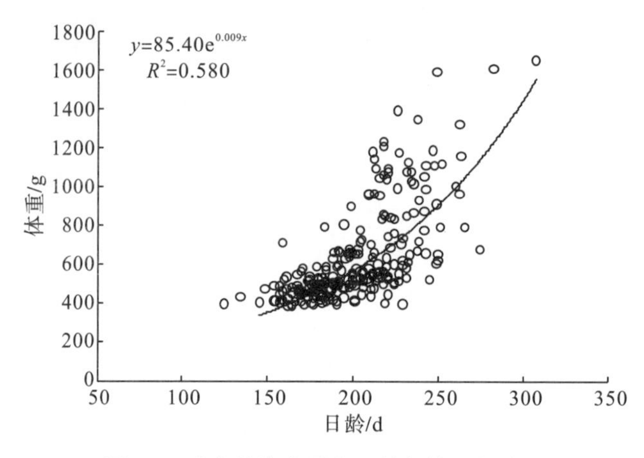


图 3-6 秘鲁外海茎柔鱼日龄与体重的关系

### 3.2.5 生长率

利用均值检验($t$-test)法对雌雄个体间生长率的差异性进行分析，结果显示，雌雄个体间胴长和体重的绝对生长率和相对生长率的差异性均不显著($P>0.05$)，因此将雌雄个体合并进行研究。茎柔鱼胴长的平均 AGR 和 $G$ 分别为 1.05mm/d 和 0.34，最大 AGR 和最大 $G$ 分别为 2.12mm/d 和 0.59。茎柔鱼体重的平均 AGR 和 $G$ 分别为 8.51g/d 和 1.03，最大 AGR 和最大 $G$ 分别为 22.47g/d 和 1.79(表 3-1)。

**表 3-1 秘鲁外海茎柔鱼胴长及体重的相对和绝对生长率**

| 日龄等级/d | 样本数 | 胴长生长率 | | | 体重生长率 | | |
|---|---|---|---|---|---|---|---|
| | | 平均胴长/mm | AGR/(mm/d) | $G$ | 平均体重/g | AGR/(g/d) | $G$ |
| 121~150 | 14 | 232.4 | — | — | 347.9 | — | — |
| 151~180 | 97 | 251.9 | 0.65 | 0.27 | 437.9 | 3.00 | 0.77 |
| 181~210 | 87 | 275.8 | 0.80 | 0.30 | 591.7 | 5.13 | 1.00 |
| 211~240 | 61 | 304.0 | 0.94 | 0.32 | 793.8 | 6.74 | 0.98 |
| 241~270 | 14 | 325.9 | 0.73 | 0.23 | 949.9 | 5.20 | 0.60 |
| 271~300 | 2 | 389.5 | 2.12 | 0.59 | 1624.0 | 22.47 | 1.79 |

## 3.3　讨论与分析

本书研究利用角质颚微结构估算茎柔鱼的日龄，优势日龄组为 150～240d，最大日龄为 298d，所对应的胴长和体重分别为 388mm 和 1647g；最小日龄为 106d，所对应的胴长和体重分别为 232mm 和 357g。一般认为，茎柔鱼的生命周期约为 1 年，然而大个体群体中的一些个体大的茎柔鱼(ML>750mm)生命周期可达 1.5～2 年(Nigmatullin et al.，2001)，但在本书研究中并没有发现超过 1 龄的个体。

通过分析样本的胴长组成，发现在雌性样本中各胴长组均仅有少量性成熟个体；然而，雄性样本中胴长为 200～260mm 时，性成熟样本占该胴长组总样本数的 48.0%；胴长为 260～410mm 时，性成熟样本占该胴长组总样本数的 17.1%。因此，根据 Nigmatullin 等(2001)对群体的划分标准，此次采集的样本可能由小个体群体和中个体群体组成。在以往的研究中(Nigmatullin et al.，2001)，在秘鲁海域同样发现了小个体群体和中个体群体。Nigmatullin 等(2001)认为小个体群体主要分布在赤道附近，大个体群体主要分布在高纬度海域，中个体群体与小个体群体和大个体群体有混合现象。这可能是因为在温度较高的环境下，茎柔鱼性成熟加快，个体较小(Argüelles et al.，2001)；相反，在温度较低的环境下，茎柔鱼性成熟缓慢，个体较大。

在本书研究中，茎柔鱼的捕捞日期为 2013 年 7～10 月，结合角质颚微结构的生长纹数，推算出孵化日期为 2012 年 12 月～2013 年 5 月(图 3-4)，因此将其划分为夏秋季产卵群体，孵化高峰期为 1～3 月，这与 Liu 等(2013b，2013c)的研究结果相似。此外，从孵化日期和捕捞日期中可以看出，在夏秋季孵化的个体对冬春季的渔业资源量进行了补充。茎柔鱼全年产卵，然而不同的地理区域其产卵高峰期可能不同。在下加利福尼亚半岛西部沿岸海域，Mejia-Rebollo 等(2008)认为茎柔鱼的产卵高峰期为 1～3 月。在智利外海，Chen 等(2011)认为茎柔鱼的产卵高峰期为 8～11 月。同一时间，不同地理区域的环境(如温度、盐度等)可能不同，因此茎柔鱼的产卵高峰期在不同地理区域间也会不同。

通常情况下，不同的性别、种群、地理区域以及不同发育阶段，茎柔鱼的生长情况是不同的(Chen et al.，2011；Markaida et al.，2004)。然而，茎柔鱼在整个生命周期的生长较为符合非线性关系(Liu et al.，2013a，2013b，2013c)。在智利外海，春季产卵群体的茎柔鱼日龄与胴长和体重分别符合线性关系和指数关系，秋季产卵群体的茎柔鱼日龄与胴长和体重分别符合幂指数关系和指数关系(Chen et al.，2011)。在哥斯达黎加外海，茎柔鱼的日龄与胴长符合线性关系，雌性和雄性个体的日龄与体重分别符合指数和幂指数关系(Chen et al.，2013)。在墨西哥加利福尼亚湾和下加利福尼亚西部沿岸海域，茎柔鱼的日龄与胴长符合逻辑斯谛模型(Markaida et al.，2004；Mejia-Rebollo et al.，2008)。在本书研究中，所有的样本均为夏秋季产卵群体，日龄与胴长和体重均较为符合指数关系，并且雌雄间差异不显著，这与 Liu 等(2013a，2013b)的研究结果相一致。同时，Argüelles 等(2001)认为秘鲁海域茎柔鱼的日龄与胴长符合指数关系。在本书研究中，所采集的样本并没有包含所有的生活史阶段，因此生长方程仅适用于研究所包含的日龄范围。在今后的研究中，应利用不同的渔具(如围网、脱网等)采集不同发育阶段的个体来研究茎柔鱼整个生命周期的生长。

本书研究发现，茎柔鱼的生长率在雌性和雄性之间的差异性不显著($P>0.05$)，胴长和体重的绝对生长率和相对生长率达到最大时的日龄为 271～300d，胴长的最大 AGR 和最大 $G$ 分别为 2.12mm/d 和 0.59，体重的最大 AGR 和最大 $G$ 分别为 22.47g/d 和 1.79(表 3-1)。然而，在本研究中，日龄组为 271～300d 的样本较少，因此可能会产生误差。在哥斯达黎加外海，雌性茎柔鱼的胴长在 181～210d 时达到最大，最大 AGR 和最大 $G$ 分别为 1.46mm/d 和 0.52，雄性茎柔鱼的胴长在 151～180d 时达到最大 AGR(2.07mm/d)和最大 $G$(0.85)(Chen et al.，2013)。在墨西哥加利福尼亚湾，茎柔鱼胴长的 AGR 大于 2mm/d 的时间能够超过 5 个月，雌性个体在 230～250d 达到最大 AGR(2.65mm/d)，雄性个体在 210～230d 达到最大 AGR(2.44mm/d)(Markaida et al.，2004)。在下加利福尼亚西部沿岸海域，雌性个体在 220d 达到最大 AGR(2.09mm/d)，雄性个体在 200d 达到最大 AGR(2.1mm/d)(Mejia-Rebollo et al.，2008)。因此，群体不同以及外界环境不同，可能导致个体的生长率也不同。

## 3.4 小　　结

通过分析 2013 年 7～10 月所采集的秘鲁外海茎柔鱼角质颚的微结构，估算茎柔鱼的日龄，茎柔鱼的胴长为 204～396mm，雌、雄个体的日龄分别为 123～298d 和 106～274d。研究发现，此次采集的样本可能由小个体群体和中个体群体组成，所有样本全部为夏秋季产卵群体，日龄与胴长及体重的关系在雌雄个体间的差异性均不显著($P>0.05$)，日龄与胴长及体重的关系均较为符合指数关系。雌雄个体间胴长和体重的生长率的差异性均不显著($P>0.05$)，胴长的最大绝对生长率和相对生长率分别为 2.12mm/d 和 0.59。在不同的地理区域，外界环境(如温度、盐度等)可能不同，可能导致个体的生长率也不同，茎柔鱼的产卵高峰期在不同地理区域间也会不同。

# 第4章　茎柔鱼角质颚的形态学及其与个体生长的关系

## 4.1　材料与方法

### 4.1.1　样本采集

茎柔鱼样本采集时间为2009年、2010年、2013年和2014年，作业海域为79°22′～84°30′W、10°00′～18°16′S（图4-1）。样本委托岱远渔807号、丰汇16号、普远802号和宁渔821号专业鱿钓船在生产期间采集。每一采集站点的样本从渔获物中随机获得，每次约为30尾，采集的样本冷冻后运回实验室，样本总数为1346尾，其中雌性个体955尾，雄性个体391尾。

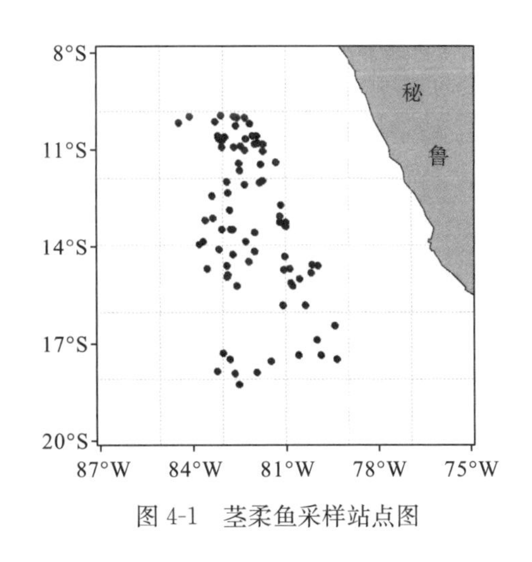

图4-1　茎柔鱼采样站点图

### 4.1.2　实验方法

1. 生物学测定与角质颚提取

生物学测定与角质颚提取的方法见本书第2章。

2. 角质颚的形态测量

将角质颚清洗干净后，用游标卡尺对其进行测量。首先沿水平方向和垂直方向进行校准，然后测量角质颚的12个外部形态参数(图4-2)(Fang et al., 2014)，测量结果精确至0.01mm。

3. 角质颚研磨与轮纹计数

角质颚的切片制作及轮纹计数的方法见本书第2章。

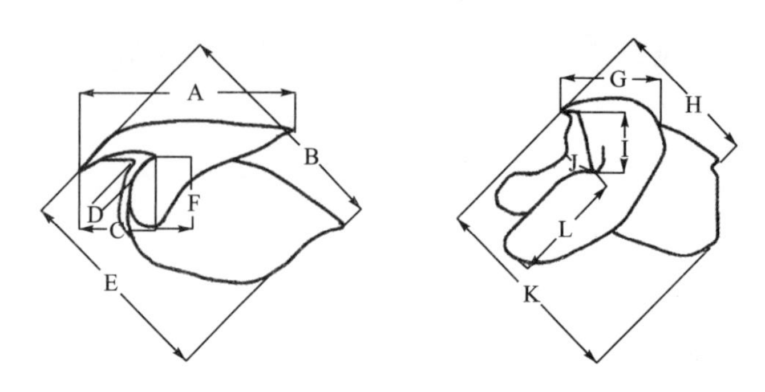


图 4-2　角质颚外部形态测量示意图

A. 上头盖长(UHL)；B. 上脊突长(UCL)；C. 上喙长(URL)；D. 上喙宽(URW)；
E. 上侧壁长(ULWL)；F. 上翼长(UWL)；G. 下头盖长(LHL)；H. 下脊突长(LCL)；
I. 下喙长(LRL)；J. 下喙宽(LRW)；K. 下侧壁长(LLWL)；L. 下翼长(LWL)

### 4.1.3　数据分析

1. 雌、雄个体生长的差异性检验

角质颚利用方差分析(ANOVA)法检验茎柔鱼的胴长、体重、日龄和角质颚各形态参数在雌、雄个体间的差异性。

2. 相关性分析

利用典型相关分析理论，分析胴长、体重、日龄与角质颚各形态参数之间的相关性。

3. 主成分分析

对上、下角质颚的形态参数分别进行主成分分析，探讨不同形态参数表征角质颚形态的差异。

4. 角质颚生长在雌、雄个体间的差异性

利用协方差分析，以雌、雄组为协变量，分析角质颚各形态参数与胴长、体重、日龄的关系在雌、雄个体间的差异性。

5. 生长模型的选择

利用线性、指数、幂指数和对数模型来拟合角质颚各形态参数与胴长、体重、日龄的关系(Bolstad，2006)，并利用 $R^2$ 和 AIC(Akaike information criterion)值选择最佳模型，其中 $R^2$ 最大和 AIC 值最小的模型为最佳模型(Liu et al.，2013a，2013b；Chen et al.，2011)。

6. 角质颚外部形态参数的标准化

为了校正样品规格差异对角质颚形态参数值的影响，将角质颚形态参数除以胴长，以便进行后续的差异性分析。

7. 角质颚形态的影响因素

利用方差分析(One-Way ANOVA)法检验不同性别、胴长组、日龄组以及不同性成熟度角质颚的形态差异。

本章研究均利用SPSS 17.0软件进行统计分析。

## 4.2 研究结果

### 4.2.1 胴长、体重和日龄

雌、雄个体的胴长分别为202～545mm和192～534mm，平均胴长分别为331.55mm和298.43mm。雌、雄个体的体重分别为207～5104g和204～4278g，平均体重分别为1282.60g和882.02g。雌、雄个体的日龄分别为123～402d和106～369d，平均日龄分别为229.78d和198.20d。利用ANOVA对雌、雄个体的胴长、体重以及日龄进行差异性分析，结果显示，胴长、体重和日龄在雌、雄个体间的差异性均极显著($P<0.01$)，且雌性个体胴长、体重和日龄的平均值均大于雄性个体。

### 4.2.2 角质颚外部形态参数

利用方差分析(ANOVA)法对雌、雄个体角质颚的12个外部形态参数进行差异性分析，结果显示，角质颚各形态参数在雌、雄个体间的差异性均极显著($P<0.01$)，且统计分析表明，雌性个体角质颚各形态的平均值均大于雄性个体(表4-1)。

**表4-1 秘鲁外海茎柔鱼角质颚形态参数值**

| 形态参数 | 雌性/mm | | | 雄性/mm | | |
|---|---|---|---|---|---|---|
| | 最大值 | 最小值 | 均值±标准差 | 最大值 | 最小值 | 均值±标准差 |
| 上头盖长 UHL | 46.87 | 12.07 | 23.07±6.39 | 38.96 | 11.53 | 19.35±5.10 |
| 上脊突长 UCL | 53.81 | 15.10 | 28.30±23.86 | 43.19 | 14.01 | 23.86+5.95 |
| 上喙长 URL | 16.92 | 3.54 | 8.10±2.42 | 13.96 | 3.55 | 6.75±1.94 |
| 上喙宽 URW | 14.93 | 4.19 | 7.52±2.03 | 13.17 | 3.77 | 6.38±1.63 |
| 上侧壁长 ULWL | 46.84 | 11.05 | 23.16±7.70 | 37.33 | 10.11 | 19.05±6.18 |
| 上翼长 UWL | 14.18 | 3.09 | 6.81±2.04 | 10.91 | 2.96 | 5.68±1.99 |
| 下头盖长 LHL | 12.73 | 3.76 | 6.87±1.80 | 12.65 | 3.27 | 5.86±1.41 |

续表

| 形态参数 | 雌性/mm | | | 雄性/mm | | |
|---|---|---|---|---|---|---|
| | 最大值 | 最小值 | 均值±标准差 | 最大值 | 最小值 | 均值±标准差 |
| 下脊突长 LCL | 25.47 | 7.20 | 13.76±3.81 | 28.30 | 7.01 | 11.66±3.24 |
| 下喙长 LRL | 15.38 | 3.39 | 7.95±2.26 | 13.18 | 4.12 | 6.68±1.83 |
| 下喙宽 LRW | 13.90 | 4.17 | 7.65±2.00 | 12.32 | 3.83 | 6.49±1.59 |
| 下侧壁长 LLWL | 42.64 | 11.46 | 21.38±5.78 | 34.21 | 11.04 | 18.13±4.61 |
| 下翼长 LWL | 20.00 | 5.65 | 11.11±3.06 | 18.41 | 5.25 | 9.49±2.50 |

### 4.2.3　典型相关分析

采用典型相关分析法分析胴长、体重、日龄与角质颚各形态参数的相关性。结果显示，胴长、体重、日龄与角质颚各形态参数的相关性均达到了极显著水平（$P<0.01$），且胴长和体重与角质颚各形态参数的相关系数均达到 0.9 以上（表 4-2）。在上角质颚的 6 个形态参数中，上头盖长（UHL）、上脊突长（UCL）、上侧壁长（ULWL）与胴长、体重、日龄的相关系数均较高；在下角质颚的 6 个形态参数中，下脊突长（LCL）、下侧壁长（LLWL）、下翼长（LWL）与胴长、体重、日龄的相关系数均较高（表 4-2）。

**表 4-2　秘鲁外海茎柔鱼角质颚各形态参数与胴长、体重、日龄的相关系数**

| 形态参数 | Pearson 相关系数 | | |
|---|---|---|---|
| | ML | BW | Age |
| 上头盖长 UHL | 0.964** | 0.939** | 0.900** |
| 上脊突长 UCL | 0.968** | 0.944** | 0.898** |
| 上喙长 URL | 0.924** | 0.901** | 0.851** |
| 上喙宽 URW | 0.932** | 0.911** | 0.859** |
| 上侧壁长 ULWL | 0.959** | 0.930** | 0.905** |
| 上翼长 UWL | 0.937** | 0.917** | 0.856** |
| 下头盖长 LHL | 0.920** | 0.902** | 0.844** |
| 下脊突长 LCL | 0.955** | 0.935** | 0.888** |
| 下喙长 LRL | 0.939** | 0.916** | 0.871** |
| 下喙宽 LRW | 0.935** | 0.915** | 0.864** |
| 下侧壁长 LLWL | 0.968** | 0.946** | 0.892** |
| 下翼长 LWL | 0.948** | 0.929** | 0.878** |

注：**表示差异性极显著（$P<0.01$）。

### 4.2.4　主成分分析

对上角质颚和下角质颚的形态参数分别进行主成分分析，结果显示，第一主成分解释上、下角质颚形态的贡献率分别为 95.69%和 95.11%(表 4-3、表 4-4)，因此第一主成分即可代表上、下角质颚的外部形态特征。上、下角质颚第一主成分与角质颚各形态参数均存在较大的相关性，载荷系数均在 0.96～0.99。在上角质颚各形态参数中，UCL 的载荷系数最大，达到 0.9884；在下角质颚各形态参数中，LLWL 的载荷系数最大，达到 0.9873。

**表 4-3　秘鲁外海茎柔鱼上角质颚形态参数的主成分分析**

| 形态参数 | 主成分 | | | | | |
|---|---|---|---|---|---|---|
| | 1 | 2 | 3 | 4 | 5 | 6 |
| 上头盖长 UHL | 0.9880 | −0.0245 | −0.0963 | −0.0175 | −0.0834 | 0.0817 |
| 上脊突长 UCL | 0.9884 | −0.0455 | −0.0901 | −0.0306 | −0.0663 | −0.0874 |
| 上喙长 URL | 0.9714 | 0.1603 | 0.0638 | 0.1609 | −0.0263 | −0.0069 |
| 上喙宽 URW | 0.9715 | 0.1728 | 0.0245 | −0.1488 | 0.0592 | 0.0025 |
| 上侧壁长 ULWL | 0.9801 | −0.1018 | −0.0801 | 0.0673 | 0.1345 | 0.0057 |
| 上翼长 UWL | 0.9696 | −0.1594 | 0.1824 | −0.0311 | −0.0164 | 0.0045 |
| 贡献率/% | 95.69 | 1.57 | 1.03 | 0.91 | 0.56 | 0.24 |
| 累积贡献率/% | 95.69 | 97.25 | 98.28 | 99.19 | 99.76 | 100 |

**表 4-4　秘鲁外海茎柔鱼下角质颚形态参数的主成分分析**

| 形态参数 | 主成分 | | | | | |
|---|---|---|---|---|---|---|
| | 1 | 2 | 3 | 4 | 5 | 6 |
| 下头盖长 LHL | 0.9606 | 0.2317 | 0.1354 | 0.0721 | 0.0000 | −0.0018 |
| 下脊突长 LCL | 0.9798 | 0.0644 | −0.0363 | −0.1757 | 0.0272 | 0.0540 |
| 下喙长 LRL | 0.9781 | −0.1367 | 0.1012 | 0.0043 | −0.1137 | 0.0382 |
| 下喙宽 LRW | 0.9760 | −0.1542 | 0.0985 | 0.0324 | 0.1126 | −0.0117 |
| 下侧壁长 LLWL | 0.9873 | −0.0024 | −0.0817 | −0.0352 | −0.0307 | −0.1280 |
| 下翼长 LWL | 0.9695 | 0.0009 | −0.2156 | 0.1050 | 0.0052 | 0.0508 |
| 贡献率/% | 95.11 | 1.67 | 1.55 | 0.82 | 0.46 | 0.39 |
| 累积贡献率/% | 95.11 | 96.78 | 98.33 | 99.15 | 100 | 100 |

## 4.2.5　角质颚外部形态参数与胴长、体重、日龄的关系

综合考虑典型相关分析和主成分分析的结果，选取 UHC、UCL、ULWL、LCL、LLWL 和 LWL 与胴长、体重、日龄建立关系。利用协方差分析法，检验胴长、体重、日龄与角质颚各形态参数的关系在雌、雄个体间的差异性。结果显示，胴长与角质颚各形态参数的关系在雌、雄个体间的差异性均显著（$P<0.05$），因此将雌、雄个体的数据分开进行分析。然而体重、日龄与角质颚各形态参数的关系在雌、雄个体间的差异性均不显著（$P>0.05$），因此可将雌、雄个体的数据合并起来。

根据 $R^2$ 和 AIC 值对不同方程进行选择，角质颚各形态参数与胴长、日龄的关系均较符合线性相关关系（图 4-3）；上侧壁长与体重较符合指数关系，角质颚其他形态参数与体重的关系均较符合幂指数关系（图 4-3）。

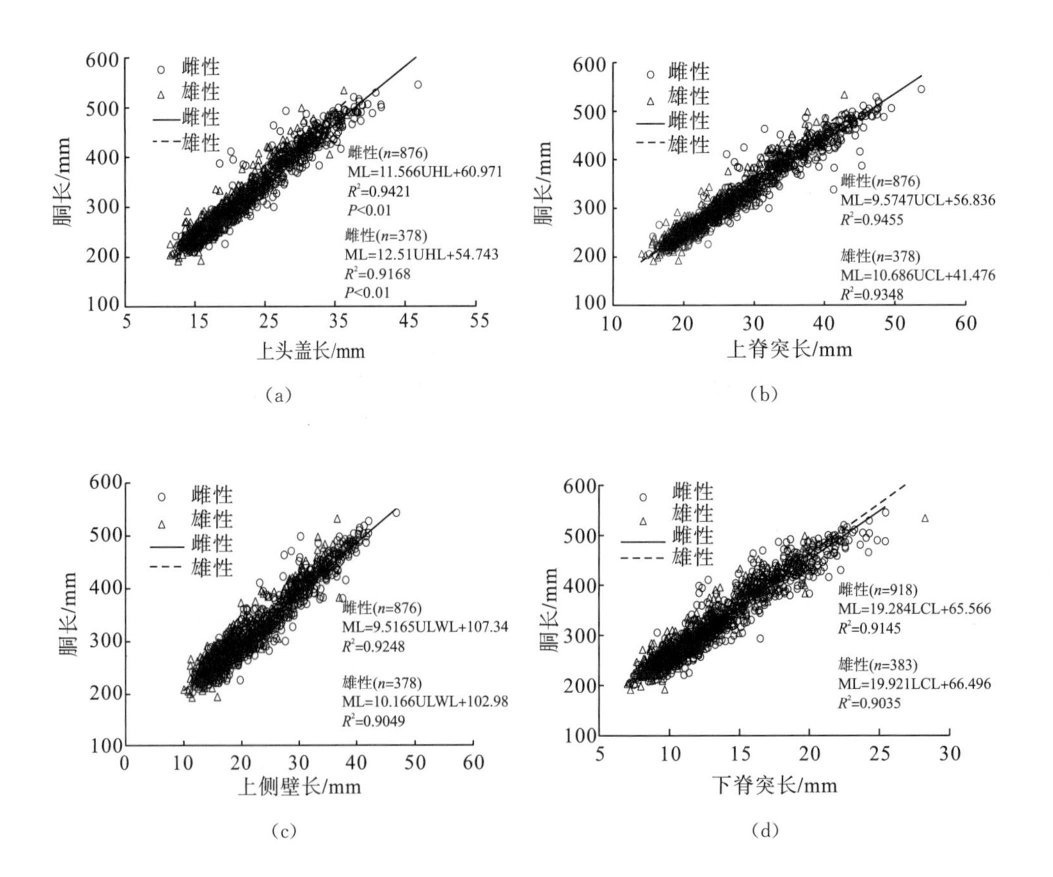

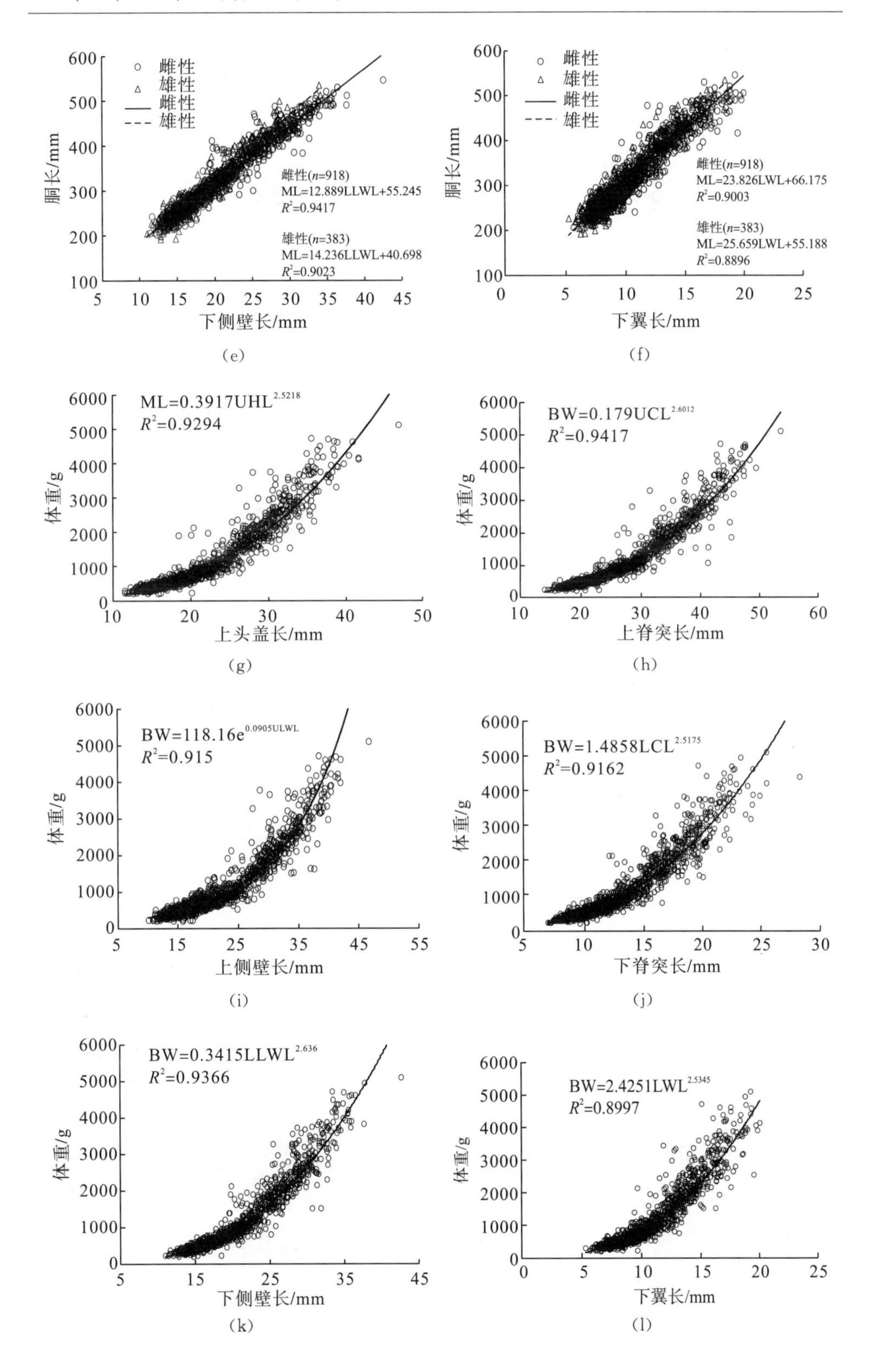

胴长/mm
下侧壁长/mm
雌性
雄性
雌性(n=918)
ML=12.889LLWL+55.245
R²=0.9417
雄性(n=383)
ML=14.236LLWL+40.698
R²=0.9023
(e)
下翼长/mm
雌性(n=918)
ML=23.826LWL+66.175
R²=0.9003
雄性(n=383)
ML=25.659LWL+55.188
R²=0.8896
(f)
体重/g
上头盖长/mm
ML=0.3917UHL^2.5218
R²=0.9294
(g)
上脊突长/mm
BW=0.179UCL^2.6012
R²=0.9417
(h)
上侧壁长/mm
BW=118.16e^0.0905ULWL
R²=0.915
(i)
下脊突长/mm
BW=1.4858LCL^2.5175
R²=0.9162
(j)
下侧壁长/mm
BW=0.3415LLWL^2.636
R²=0.9366
(k)
下翼长/mm
BW=2.4251LWL^2.5345
R²=0.8997
(l)

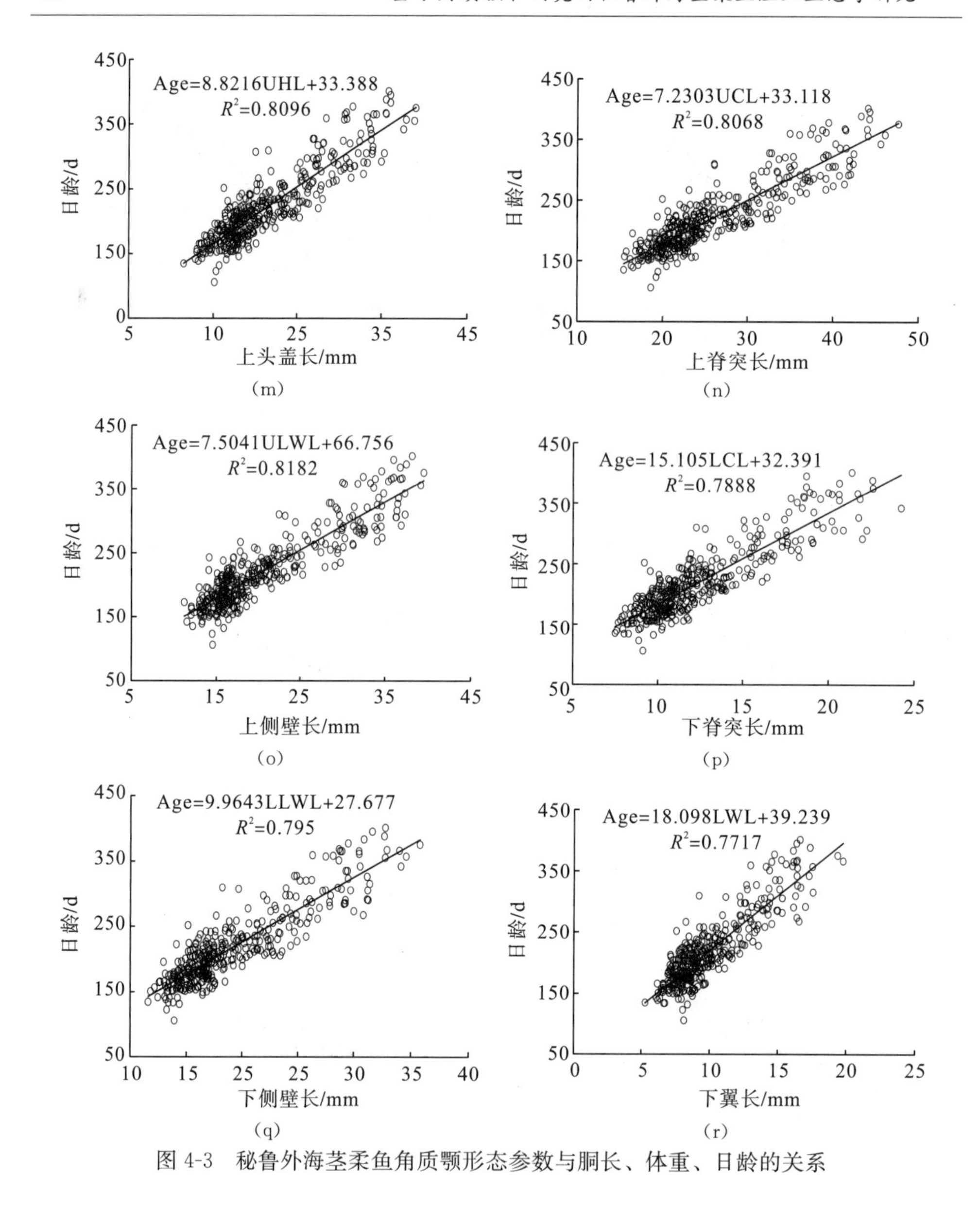


图 4-3　秘鲁外海茎柔鱼角质颚形态参数与胴长、体重、日龄的关系

### 4.2.6　不同胴长组的角质颚形态差异分析

对于雌性个体，以 50mm 为组间距，可将其划分为 7 个胴长组。ANOVA 分析表明，角质颚各形态参数在 7 个胴长组间的差异性均极显著($P<0.01$)。LSD 分析表明，UHL/ML、UCL/ML 和 ULWL/ML 在胴长组 401～450mm 与 451～500mm 之间的差异性不显著($P>0.05$)，在胴长组 201～250mm 与 251～300mm、251～300mm 与 301～350mm 之间的差异性显著($P<0.05$)；LCL/ML、

LLWL/ML和 LRL/ML 在胴长组 201～250mm 与 251～300mm、401～450mm 与 451～500mm、451～500mm 与 501～550mm 之间的差异性不显著($P>0.05$)，在胴长组 251～300mm 与 301～350mm 之间的差异性显著($P<0.05$)。从整体上看，随着胴长逐渐增加，雌性个体角质颚各形态参数也逐渐增加，角质颚逐渐增大(图 4-4)。

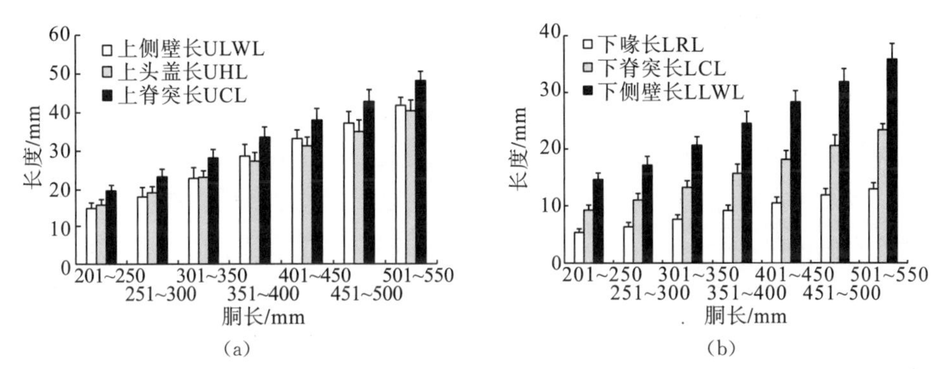


图 4-4　秘鲁外海茎柔鱼雌性个体角质颚各形态参数与胴长组间的关系

注：误差线表示标准差的值。

对于雄性个体，以 50mm 为组间距，可将其划分为 6 个胴长组。ANOVA 分析表明，角质颚各形态参数在 6 个胴长组间的差异性均极显著($P<0.01$)。LSD 分析表明，UHL/ML、UCL/ML、LRL/ML 和 LLWL/ML 表现出一致性，在胴长组 251～300mm 与 301～350mm 之间的差异性显著($P<0.05$)，在其他相邻胴长组之间的差异性均不显著($P>0.05$)；ULWL/ML 和 LCL/ML 在胴长组 201～250mm 与 251～300mm、351～400mm 与 401～450mm、401～450mm 与 451～500mm 之间的差异性均不显著($P>0.05$)，在胴长组 301～350mm 与 351～400mm 之间的差异性显著($P<0.05$)。从整体上看，随着胴长逐渐增加，雄性个体角质颚各形态参数也逐渐增加，角质颚逐渐增大(图 4-5)。

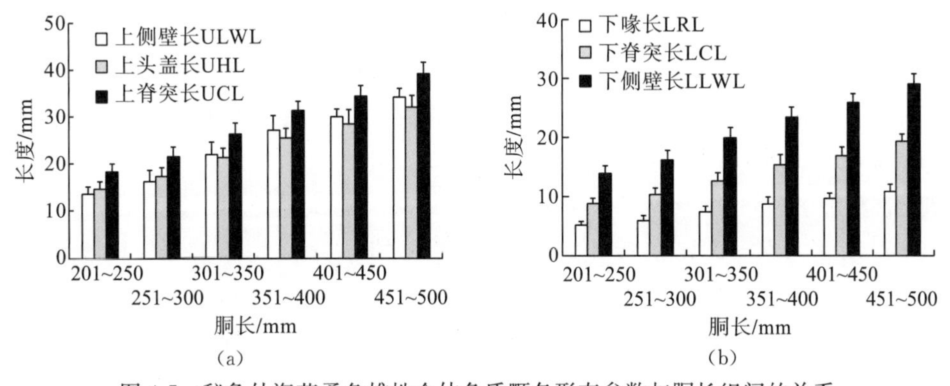


图 4-5　秘鲁外海茎柔鱼雄性个体角质颚各形态参数与胴长组间的关系

注：误差线表示标准差的值。

### 4.2.7 不同日龄组的角质颚形态差异分析

对于雌性个体，以 50d 为组间距，可将其划分为 6 个日龄组。ANOVA 分析表明，角质颚各形态参数在 6 个日龄组间的差异性均极显著($P<0.01$)。LSD 分析表明，UHL/ML、UCL/ML 和 ULWL/ML 在日龄组 151～200d 与 201～250d、201～250d 与 251～300d 之间的差异性均显著($P<0.05$)，在其他相邻日龄组之间的差异性均不显著($P>0.05$)；LCL/ML 和 LLWL/ML 在日龄组 201～250d 与 251～300d 之间的差异性均显著($P<0.05$)，在其他相邻日龄组之间的差异性均不显著($P>0.05$)；LRL/ML 在日龄组 101～150d 与 151～200d、201～250d 与 251～300d 之间的差异性均显著($P<0.05$)，在其他相邻日龄组之间的差异性均不显著($P>0.05$)。从整体上看，随着日龄逐渐增加，雌性个体角质颚各形态参数也逐渐增加，角质颚逐渐增大(图 4-6)。

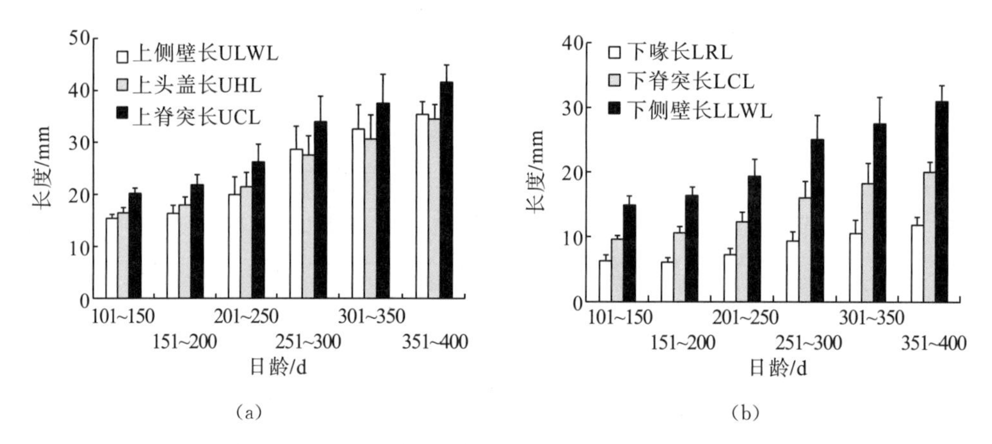


图 4-6 秘鲁外海茎柔鱼雌性个体角质颚各形态参数与日龄组间的关系

注：误差线表示标准差的值。

对于雄性个体，以 50d 为组间距，可将其划分为 5 个日龄组。ANOVA 分析表明，除下喙长外，角质颚其他各形态参数在 6 个日龄组间的差异性均极显著($P<0.01$)。LSD 分析表明，UHL/ML 在日龄组 101～150d 与 151～200d 之间的差异性均显著($P<0.05$)，在其他相邻日龄组之间的差异性均不显著($P>0.05$)；UCL/ML 和 LRL/ML 在各相邻日龄组之间的差异性均不显著($P>0.05$)；ULWL/ML、LCL/ML 和 LLWL/ML 在日龄组 101～150d 与 151～200d、251～300d 与 301～350d 之间的差异性均不显著($P>0.05$)，在日龄组 151～200d 与 201～250d 之间的差异性均显著($P<0.05$)。从整体上看，随着日龄逐渐增加，雄性个体角质颚各形态参数也逐渐增加，角质颚逐渐增大(图 4-7)。

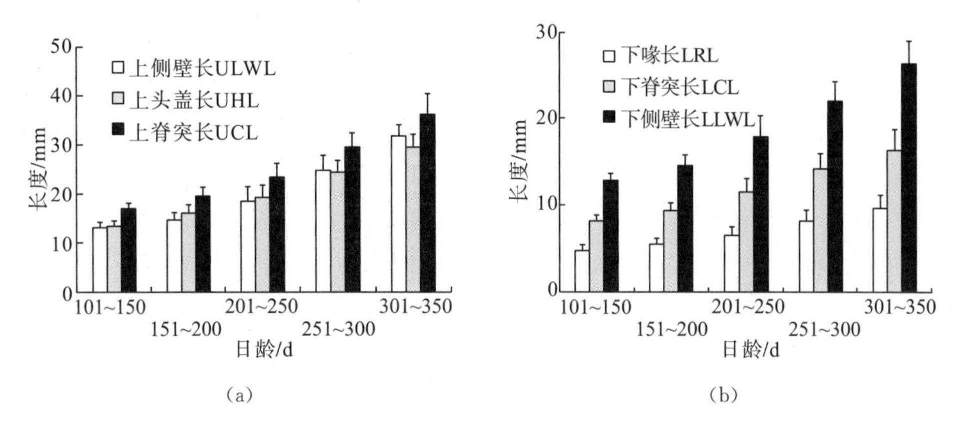


图 4-7　秘鲁外海茎柔鱼雄性个体角质颚各形态参数与日龄组间的关系

注：误差线表示标准差的值。

### 4.2.8　不同性成熟度的角质颚形态差异分析

对于雌性个体，ANOVA 分析表明，角质颚各形态参数在各性成熟度间的差异性均极显著($P<0.01$)。LSD 分析表明，UHL/ML、UCL/ML 和 LRL/ML 在Ⅰ期与Ⅱ期之间的差异性均显著($P<0.05$)，在Ⅱ期与Ⅲ期、Ⅲ期与Ⅳ期之间的差异性均不显著($P>0.05$)；ULWL/ML 和 LLWL/ML 在Ⅲ期与Ⅳ期之间的差异性均不显著($P>0.05$)，在Ⅰ期与Ⅱ期、Ⅱ期与Ⅲ期之间的差异性均显著($P<0.05$)；LCL/ML 在Ⅱ期与Ⅲ期之间的差异性均不显著($P>0.05$)，在Ⅰ期与Ⅱ期、Ⅲ期与Ⅳ期之间的差异性均显著($P<0.05$)。从整体上看，随着性腺逐渐成熟，雌性个体角质颚各形态参数也逐渐增加，角质颚逐渐增大(图 4-8)。

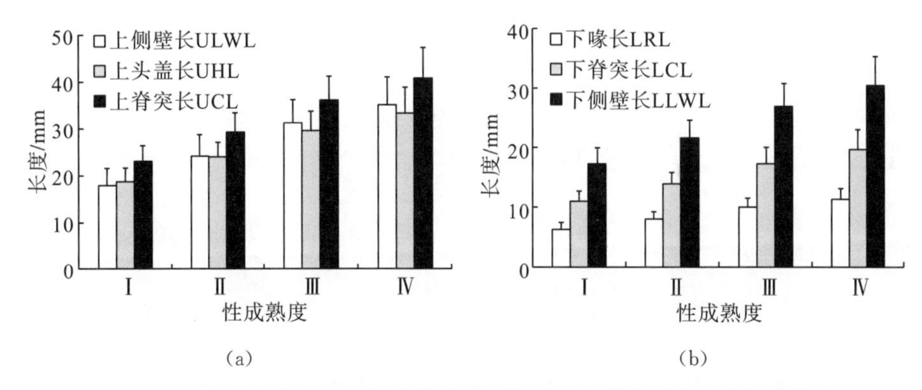


图 4-8　秘鲁外海茎柔鱼雌性个体角质颚各形态参数与性成熟度间的关系

注：误差线表示标准差的值。

对于雄性个体，ANOVA 分析表明，上头盖长、下脊突长和下喙长在各性成熟度间的差异性均不显著($P>0.05$)，其他形态参数在各性成熟度间的差异性均显著($P<0.05$)。LSD 分析表明，UHL/ML、UCL/ML、ULWL/ML、LRL/ML和 LCL/ML 在各相邻性成熟度间的差异性均不显著($P>0.05$)；LLWL/ML 在Ⅲ期与Ⅳ期之间的差异性均不显著($P>0.05$)，在Ⅰ期与Ⅱ期、Ⅱ期与Ⅲ期之间的差异性均显著($P<0.05$)。从整体上看，随着性腺逐渐成熟，雄性个体角质颚各形态参数也逐渐增加，角质颚逐渐增大(图 4-9)。

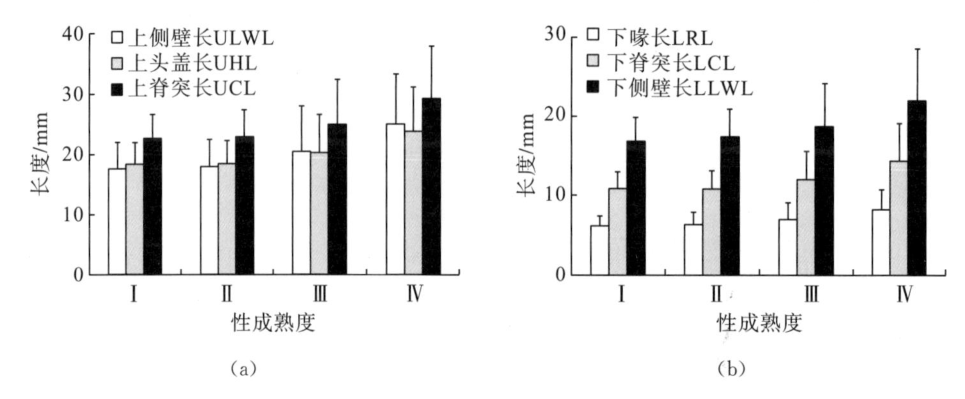


图 4-9 秘鲁外海茎柔鱼雄性个体角质颚各形态参数与性成熟度间的关系

注：误差线表示标准差的值。

## 4.3 讨论与分析

一般认为，茎柔鱼的生命周期约为 1 年，然而大个体群体中的一些个体大的茎柔鱼(ML>750mm)生命周期可达 1.5～2 年(Nigmatullin et al.，2001)。通过分析上角质颚微结构生长纹估算茎柔鱼的日龄，雌、雄个体的最大日龄分别为 402d 和 369d，所对应的胴长分别为 485mm 和 428mm，所对应的体重分别为 3877.1g 和 2710.9g。Mejia-Rebollo 等(2008)通过分析耳石微结构估算了下加利福尼亚西部沿岸海域茎柔鱼的日龄，发现雌、雄个体的最大日龄分别为 433d 和 391d，所对应的胴长分别为 700mm 和 690mm。Chen 等(2013)利用耳石微结构估算了哥斯达黎加外海茎柔鱼的日龄，研究发现雌、雄个体的最大日龄分别为 289d 和 240d，所对应的胴长分别为 429mm 和 352mm。

研究表明，茎柔鱼角质颚的形态参数在雌、雄个体间的差异性均极显著($P<0.01$)，且雌性个体角质颚的各形态参数的均值均大于雄性个体。茎柔鱼角质颚各形态参数与体重和日龄的关系在雌、雄个体间的差异性均不显著($P>0.05$)，然而角质颚各形态参数与胴长的关系在雌、雄个体间的差异性均显著

($P<0.05$)。在头足类种类中，雌、雄个体的异速生长是普遍存在的(陈新军等，2011；陆化杰和陈新军，2012)，这可能导致雌、雄个体角质颚的大小也存在差异。Bolstad(2006)研究认为，强壮桑葚乌贼(*Moroteuthis ingens*)角质颚的生长在雌、雄个体间具有差异性。方舟等(2012)研究发现，同一群体的阿根廷滑柔鱼角质颚的形态参数在不同性别间存在显著性差异，布宜诺斯艾利斯—巴塔哥尼亚群体雌性个体角质颚形态参数的均值均大于雄性，而南巴塔哥尼亚群体角质颚外部形态参数值总体上以雄性个体为较大。陆化杰等(2012)认为，阿根廷滑柔鱼(*Illex argentinus*)角质颚的形态参数与日龄的关系在雌、雄个体间的差异性不显著。Jackson等(1997)研究了巴塔哥尼亚大陆架马尔维纳斯群岛海域的强壮桑葚乌贼，发现其角质颚的形态参数与胴长和体重在雌、雄个体间的差异性均不显著。因此，在头足类种类中，雌、雄个体角质颚的生长可能具有差异性，这种差异可能是雌、雄个体在生长发育过程中摄食的差异造成的。

在海洋生态系统中，茎柔鱼是主动的捕食者，主要捕食的种类为浮游动物、甲壳类、头足类和鱼类(Nigmatullin et al.，2001)。茎柔鱼嗜食同类的现象是普遍存在的。在加利福尼亚海湾，如果被捕食者很稀少，茎柔鱼所嗜食同类的重量可达到其食物总重量的30%(Ehrhardt，1991)。头足类在生长的过程中会发生食性的变化，而角质颚是头足类的重要摄食器官，因此角质颚形态的变化暗示着被捕食者的大小和种类的转变(Franco-Santos and Vidal，2014；Castro and Hernańdez-García，1995)，茎柔鱼在不同大小、不同日龄以及不同性成熟度阶段其角质颚的形态差异可能反映着食性的变化。研究发现，随着个体的生长，茎柔鱼的角质颚也不断地变大，为茎柔鱼能够摄食更大个体的食物提供保障。此外，随着角质颚的色素沉着的加深，角质颚变得更为坚硬，从而使头足类捕食更大、更强壮、更坚硬的食物，角质颚色素沉着的程度被认为在食性转变方面具有重要的影响(Hernańdez-García et al.，1998；Hernańdez-García，2003)。

从主成分分析的结果来看，第一主成分认为是角质颚各形态特征的代表，在上角质颚各形态参数中，上头盖长、上脊突长和上侧壁长的载荷系数均较大，其中以上脊突长为最大；在下角质颚各形态参数中，下脊突长、下喙长和下侧壁长的载荷系数较大，其中以下侧壁长为最大。因此，可以认为茎柔鱼角质颚的生长主要在脊突和侧壁，这与方舟等(2014a)的研究结果相似。随着茎柔鱼的不断生长，其角质颚也不断地变大，所捕食的食物也变得更大更坚硬，因此需要其具有强大的咬合力才能捕获并且撕碎猎物(方舟等，2014b)。角质颚的脊突和侧壁被肌肉所覆盖，随着脊突和侧壁的不断生长，肌肉与其接触面积不断增大，茎柔鱼的咬合力也不断地加强，从而保证茎柔鱼能够捕获更大、更坚硬的食物。

Lefkaditou和Bekas(2004)对色雷斯海的尖盘爱尔斗蛸(*Eledone cirrhosa*)的

角质颚形态进行了研究，认为角质颚各形态参数与胴长、体重呈幂指数关系。Jackson等(1997)和Kashiwada等(1979)分别研究了强壮桑葚乌贼和乳光枪乌贼(*Loligo opalescens*)的角质颚形态特征，发现角质颚各形态参数与胴长、体重均较符合线性关系。Bolstad(2006)研究认为，强壮桑葚乌贼角质颚的形态参数与胴长呈线性关系，与体重呈幂指数关系。Lu和Ickeringill(2002)研究了75种头足类的角质颚，并根据角质颚的形态和色素沉着特征建立了头足类角质颚鉴定检索表，同时对角质颚形态参数与胴长、体重建立了关系。Wolff(1984)对太平洋18种头足类的角质颚进行了种类鉴定，同样建立了角质颚形态参数与胴长、体重之间的关系。Perales-Raya等(2010)研究发现，真蛸(*Octopus vulgaris*)角质颚微结构的生长纹数与上头盖长呈幂指数关系。本书研究认为，茎柔鱼角质颚各形态参数与胴长、日龄较为符合线性相关关系；除上侧壁长外，角质颚其他形态参数与体重较符合幂指数关系。因此，不同头足类种类角质颚的形态特征有所不同，角质颚的生长也不同，其生长方程也会有所差异。

头足类是许多海洋动物的重要食物来源，这些被捕食者坚硬的角质颚经常会出现在捕食者的胃中，头足类的角质颚被应用于被捕食者的种类鉴定，计算被捕食种类的个体大小和生物量(Klages and Cooper，1997；Piatkowski et al.，2001)。GroÈger等(2000)通过分析角质颚的形态参数，估算了寒海乌贼(*Psychroteuthis glacialis*)的个体大小和资源量。Lu和Ickeringill(2002)对澳大利亚南部海域头足类的角质颚进行了种类鉴定并利用角质颚对资源量进行了估算。Lalas(2009)利用角质颚估算了毛利蛸(*Macroctopus maorum*)的个体大小。Jackson(1995)利用角质颚估算了新西兰海域强壮桑葚乌贼的资源量。同样，茎柔鱼也是许多大型鱼类、海鸟以及海洋哺乳动物的重要捕食对象，在海洋生态系统中具有重要地位。本书建立了茎柔鱼角质颚的形态参数与胴长、体重以及日龄之间的关系，而且分析发现，角质颚各形态参数与胴长、体重和日龄之间的相关系数均较高，因此可以利用角质颚估算茎柔鱼的个体大小、日龄以及被捕食的生物量，对东南太平洋食物链和食物网的研究具有重要作用。

通常情况下，随着个体的不断生长，头足类的角质颚也不断增大，然而在不同的生长阶段，其角质颚增长的快慢可能不同。本书研究发现，对于雌性个体，在胴长为201～350mm时，上角质颚生长较快；在胴长为251～351mm时，下角质颚生长较快；在胴长为451～550mm时，上角质颚和下角质颚生长均较为缓慢。对于雄性个体，上颚的脊突、上颚的头盖、下颚的喙和下颚的侧壁的生长较为同步，在胴长为301～350mm时生长迅速，在其他阶段的生长较为缓慢；在胴长为401～550mm时，上颚的侧壁和下颚的脊突生长缓慢，在胴长为301～400mm时生长较快。由此可以发现，雌、雄个体角质颚的生长存在差异，并不是完全同步生长，而且相同性别个体角质颚的不同部位的生长也并不完全同步，然而从整体上看，在胴长大于 400mm 以后茎柔鱼角质颚的生长趋于缓慢。

陆化杰和陈新军(2012)研究了阿根廷滑柔鱼(*Illex argentinus*)角质颚的生长特性，并建立了角质颚的外部形态参数与日龄的关系。Perales-Raya 等(2010)研究了真蛸(*Octopus vulgaris*)的角质颚，发现角质颚微结构的生长纹数与上头盖长呈幂指数关系。本书研究发现，对于雌性个体，在日龄为 151～300d 时上角质颚生长迅速，日龄大于 300d 以后，上角质颚生长缓慢，下角质颚在 251～300d 生长较快。对于雄性个体，上颚的脊突和下颚的喙的生长在茎柔鱼的生长过程中均较为缓慢，上颚的侧壁、下颚的脊突和下颚的侧壁在 201～251d 生长较快，上颚的头盖在 151～200d 生长较快，在 200d 之后生长较缓慢。因此，从整体上看，雌性个体的角质颚在 300d 以后生长缓慢，而雄性个体的角质颚在 250d 之后生长较为缓慢。

方舟等(2014a)研究认为，北太平洋柔鱼角质颚各形态参数在不同性成熟度间的差异性均显著。陆化杰(2013)研究了西南大西洋阿根廷滑柔鱼的角质颚，认为角质颚在Ⅰ期和Ⅱ期生长较快，在Ⅲ期以后生长放慢。本书研究认为，对于雌性个体，上颚的头盖、上颚的脊突和下颚的喙在Ⅰ期和Ⅱ期生长较快，在Ⅲ期以后生长缓慢；上颚的脊突和下颚的侧壁在Ⅳ期生长缓慢，在Ⅰ～Ⅲ期生长较快。对于雄性个体，下颚的侧壁在Ⅳ期生长缓慢，在Ⅰ～Ⅲ期生长较快，角质颚的其他形态参数在各性成熟阶段均生长缓慢。因此，总体而言，随着性腺的逐渐成熟，角质颚也不断增大，但在Ⅰ～Ⅲ期生长较快，Ⅲ期以后生长较为缓慢。

## 4.4　小　　结

本章分析了秘鲁外海茎柔鱼角质颚的形态特征，对角质颚的形态参数与胴长、体重和日龄进行了关系建立，使角质颚成为一种有效的工具来估算茎柔鱼的个体大小、生物量和日龄。通过分析茎柔鱼在不同胴长组、不同日龄组以及不同性腺成熟阶段其角质颚的形态差异，认为在不同胴长组、不同日龄组和不同性成熟阶段，雌、雄个体角质颚的生长存在差异，相同性别个体角质颚的不同部位的生长也不同，这可能是角质颚的不同部位在摄食过程中所起到的作用不同，而且茎柔鱼在不同的生长阶段其食性也有所差异，导致角质颚不同部位的生长也有所差异。研究发现，在胴长大于 400mm、雌性日龄大于 300d、雄性日龄大于 250d、性腺成熟度在Ⅲ期以后时，角质颚的生长较为缓慢，这可能是由于茎柔鱼达到性成熟后，所捕食的对象基本相似，食性趋于稳定，从而角质颚的生长也较为缓慢。

# 第 5 章　茎柔鱼角质颚的色素沉着及其与个体生长关系

## 5.1　材料与方法

### 5.1.1　样本采集

茎柔鱼样本采集时间为 2009～2014 年，作业海域为 79°20′～84°30′W、10°00′～18°00′S(图 5-1)。每一采集站点的样本从渔获物中随机获得，采集的样本冷冻后运回实验室。在本研究中，361 尾茎柔鱼的角质颚被完整地取出，雌性个体 263 尾，雄性个体 98 尾。

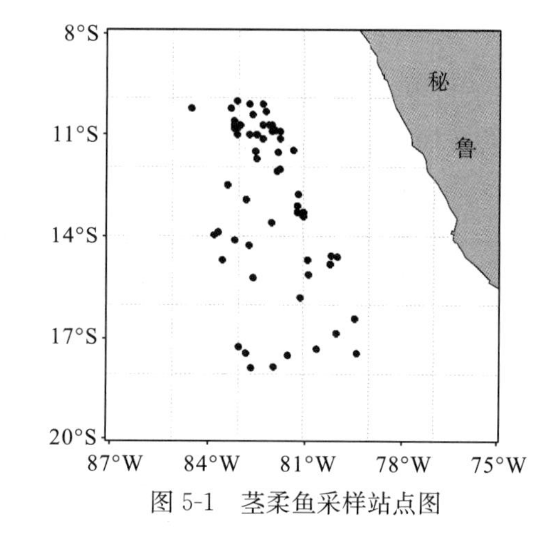

图 5-1　茎柔鱼采样站点图

### 5.1.2　实验方法

1. 基础数据测定

生物学测定的内容及性腺成熟度的划分见本书第 3 章。

2. 角质颚的形态测量

角质颚外部形态的测量及方法见本书第 4 章。

3. 角质颚研磨与轮纹计数

角质颚的切片制作及轮纹计数的方法见本书第 2 章。

4. 角质颚色素等级划分

本章研究参考 Hernańdez-García(2003)对短柔鱼(*Todaropsis eblanae*)的分级方法，结合茎柔鱼角质颚的生长特点，将角质颚的色素沉着划分为 0～7 级，共 8 个等级(图 5-2、表 5-1)。

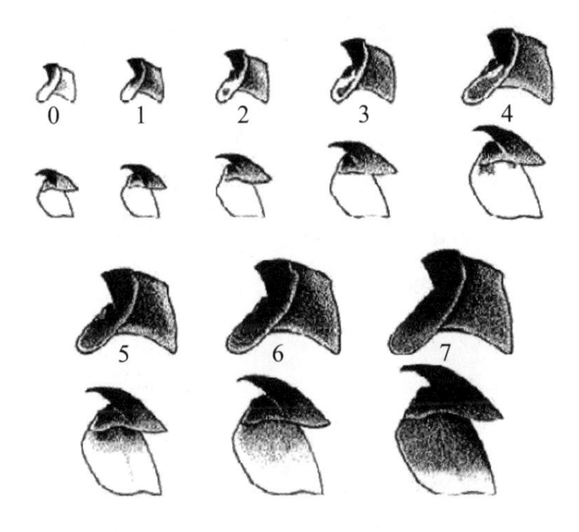


图 5-2　短柔鱼角质颚色素沉着过程[引自 Hernańdez-García(2003)]

**表 5-1　角质颚色素沉着描述[引自 Hernańdez-García(2003)]**

| 特征描述 | | 等级 |
|---|---|---|
| 上角质颚 | 下角质颚 | |
| 侧壁无色素 | 仅在喙和头盖前端有色素 | 0 |
| 侧壁无色素 | 色素沉着到达肩部 | 1 |
| 侧壁无色素 | 翼部中间有独立的斑点 | 2 |
| 侧壁无色素 | 斑点继续扩大至几乎翼的全部，但没有达到肩和头盖 | 3 |
| 侧壁小部分有色素(翼和头盖的边缘) | 无独立的斑点，通过一个细的有颜色的带使翼与头盖仅有少量色素沉着的区域融合 | 4 |
| 小于侧壁 1/3 区域有色素 | 肩部仅有一小的没有颜色的带(软骨已出现)，齿的透明带也出现 | 5 |
| 大约一半侧壁区域有色素 | 翼部轻微着色，仅边缘区域(正在生长的区域)有较宽未着色区域，无透明带，肩部软骨缩小或消失，形成透明带而出现齿 | 6 |
| 2/3 侧壁色素沉着，肩部无透明带，上颚基本着色 | 下颚色素全部沉着(仅正在生长的边缘无色素)，呈深棕色，在头盖和肩接近黑色，喙端经常被腐蚀，齿逐渐减小，侧面观已不能清晰看到 | 7 |

### 5.1.3　数据分析

误差反向传播网络(error backpropagation network，EBP)属于多层前向神经网络，采用误差反向传播的监督方法能够学习和存储大量的模式映射关系。网络学习的过程包括信号的正向传播和误差的反向传播，此过程一直进行到网络输出的误差减小到可接受的程度或进行到预先设定的学习次数为止。

本书采用神经网络解释图和自变量相关对模型进行解释。神经网络解释图包含输入层、隐含层和隐含层三个部分，输入层与隐含层、隐含层与输出层之间连接的权重用直线表示，直线的实虚表示连接权重的正负，即信号的激励和抑制作用；直线的粗细表示连接权重绝对值的大小，即信号的强弱(图 5-3)。自变量相关用来比较各输入变量对输出变量(角质颚色素沉着等级)的贡献率，其计算方法为，输入变量与隐含层之间所连接权重的平方和除以输入层与隐含层之间所连接的所有的权重的平方和。

利用神经网络模型建立日龄、胴长、体重、性腺成熟度、角质颚形态参数与角质颚色素沉着等级之间的关系。结果显示，最佳模型的均方误差(MSE)为0.1267，使用 16：20：1 的模型结构对最佳神经网络模型进行解释(图 5-3)。输入层各神经元(节点 1 至 16)所连接的权重大小、正负各不相同，表明各输入变量与输出变量(节点 37)之间没有定性关系。在输入层的各节点中，节点 1、2、3、5、7 所连出的权重均较大。

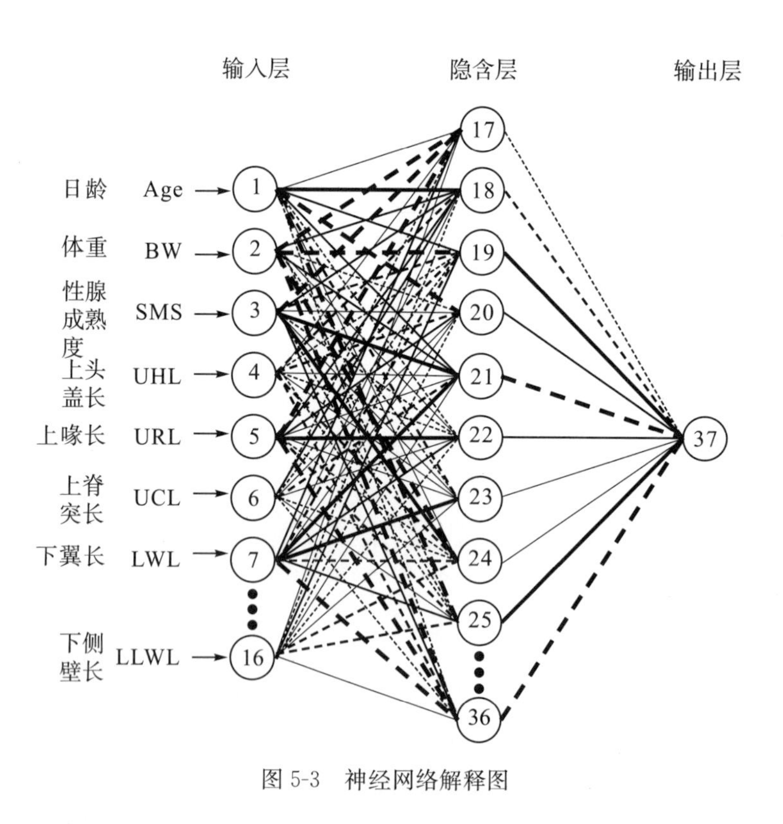


图 5-3 神经网络解释图

EBP 模型以均方误差(MSE)作为判断最佳模型的标准。均方误差的函数定义式为

$$\mathrm{MSE}=\frac{1}{N}\sum_{k=1}^{N}(y_k-\hat{y}_k)^2 \tag{5-1}$$

式中，$y_k$ 为色素沉着等级的实际值，$\hat{y}_k$ 为色素沉着等级的预测值，$N$ 表示样本的总数，$k$ 表示样本的序数。

## 5.2　研究结果

### 5.2.1　样本大小分析

雌、雄个体的胴长分别为 224～520mm 和 210～463mm，体重分别为 225～4687.8g 和 269～3580.0g，日龄分别为 123～413d 和 106～367d。利用协方差分析，检验日龄与胴长、体重的关系在雌、雄个体间的差异性，结果显示，日龄与胴长、体重的关系在雌、雄个体间的差异性均不显著($P>0.05$)，因此雌、雄个体生长的差异性不显著，将雌、雄个体的数据合并起来进行分析。角质颚的形态参数值见表 5-2。

**表 5-2　秘鲁外海茎柔鱼角质颚的形态参数**

| 上角质颚 | 长度/mm | | 下角质颚 | 长度/mm | |
|---|---|---|---|---|---|
| | 最小值 | 最大值 | | 最小值 | 最大值 |
| 上头盖长 UHL | 11.53 | 41.70 | 下头盖长 LHL | 4.00 | 12.21 |
| 上脊突长 UCL | 15.47 | 47.75 | 下脊突长 LCL | 7.48 | 24.24 |
| 上喙长 URL | 4.46 | 16.51 | 下喙长 LRL | 4.12 | 13.60 |
| 上喙宽 URW | 3.77 | 13.25 | 下喙宽 LRW | 4.16 | 12.90 |
| 上侧壁长 ULWL | 11.20 | 41.69 | 下侧壁长 LLWL | 11.61 | 36.00 |
| 上翼长 UWL | 3.48 | 12.00 | 下翼长 LWL | 5.25 | 19.49 |

### 5.2.2　自变量相关

根据计算结果，在上角质颚各形态参数中，上喙长对输出变量色素沉着等级的贡献率最大，达到 7.88%；在下角质颚各形态参数中，下翼长的贡献率最大，达到 9.07%(表 5-3)。此外，日龄、体重和性腺成熟度对输出变量的贡献率也较大，分别为 7.44%、9.40%和 9.14%。

**表 5-3 神经网络模型的自变量相关**

| 变量 | 相关性的贡献率/% |
| --- | --- |
| 日龄 Age | 7.44 |
| 胴长 ML | 5.93 |
| 体重 BW | 7.40 |
| 性腺成熟度 SMS | 9.14 |
| 上头盖长 UHL | 5.01 |
| 上脊突长 UCL | 4.56 |
| 上喙长 URL | 7.88 |
| 上喙宽 URW | 5.51 |
| 上侧壁长 ULWL | 4.92 |
| 上翼长 UWL | 5.18 |
| 下头盖长 LHL | 6.72 |
| 下脊突长 LCL | 6.07 |
| 下喙长 LRL | 4.42 |
| 下喙宽 LRW | 5.79 |
| 下侧壁长 LLWL | 4.97 |
| 下翼长 LWL | 9.07 |

### 5.2.3 色素沉着等级与性腺成熟度的关系

性腺成熟度为Ⅰ期的个体，其角质颚色素沉着等级以 1～3 级为主，比例为 98.54%；性腺成熟度为Ⅱ期的个体，角质颚色素沉着等级以 2 级和 3 级为主，比例达 72.92%；性腺成熟度为Ⅲ期的个体，角质颚色素沉着等级以 3～5 级为主，比例为 77.78%；性腺成熟度为Ⅳ期的个体，角质颚色素沉着等级以 4 级和 5 级为主，比例为 64.00%；性腺成熟度为Ⅴ期的个体，角质颚色素沉着等级以 6 级为主，比例达 57.14%(表 5-4)。

**表 5-4　秘鲁外海茎柔鱼角质颚色素沉着等级所占比例与性腺成熟度的关系**

| 性腺成熟度等级 | 主成分/% | | | | | |
|---|---|---|---|---|---|---|
| | 1 | 2 | 3 | 4 | 5 | 6 |
| Ⅰ | 18.93 | 58.25 | 21.36 | 1.46 | 0.00 | 0.00 |
| Ⅱ | 6.25 | 43.75 | 29.17 | 12.50 | 5.21 | 3.13 |
| Ⅲ | 0.00 | 7.41 | 48.15 | 3.70 | 25.93 | 14.81 |
| Ⅳ | 0.00 | 8.00 | 12.00 | 24.00 | 40.00 | 16.00 |
| Ⅴ | 0.00 | 14.29 | 14.29 | 14.29 | 0.00 | 57.14 |

## 5.2.4　色素沉着等级与日龄、胴长和体重的关系

通过相关性分析发现，色素沉着等级与日龄、胴长和体重的相关性均达到极显著水平($P<0.01$)，而且经拟合发现，日龄、胴长、体重与色素沉着等级的关系均较符合线性相关关系(图 5-4)。

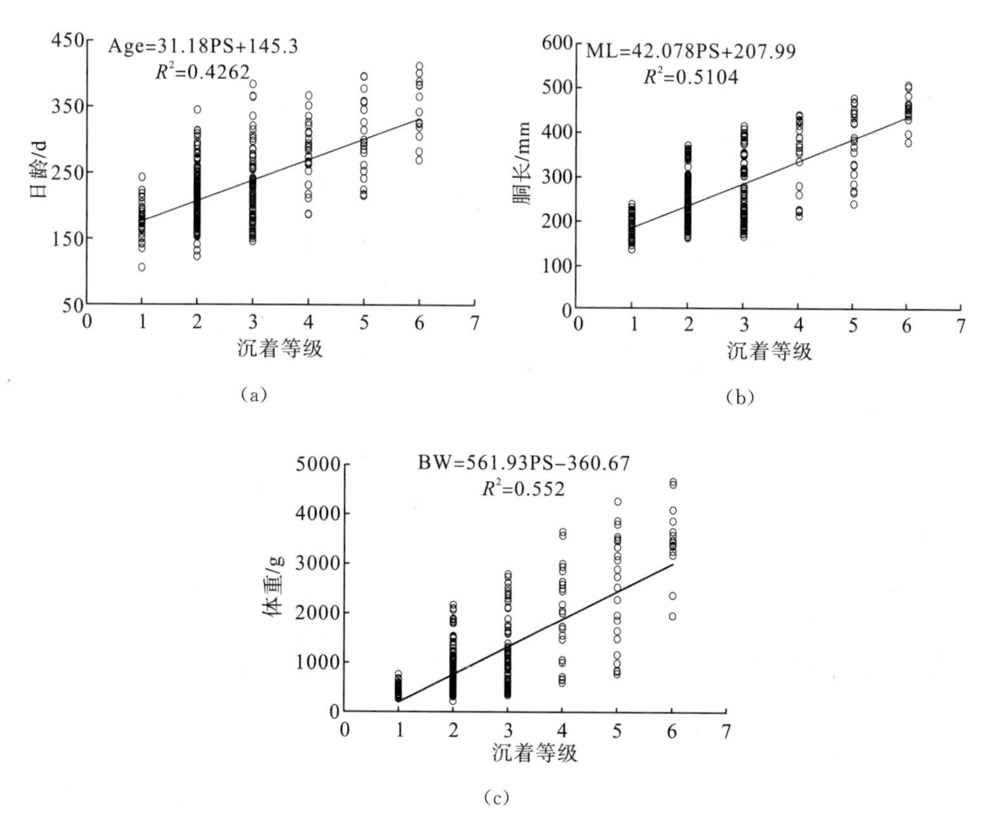


图 5-4　秘鲁外海茎柔鱼角质颚色素沉着等级与日龄、胴长和体重的关系

### 5.2.5 色素沉着等级与角质颚形态参数的关系

利用典型相关分析法，分析角质颚色素沉着等级与角质颚各形态参数的关系。结果显示，角质颚色素沉着等级与角质颚各形态参数的相关性均达到极显著水平($P<0.01$)。经拟合发现，角质颚色素沉着等级与各形态参数均较符合线性相关关系(图 5-5)。

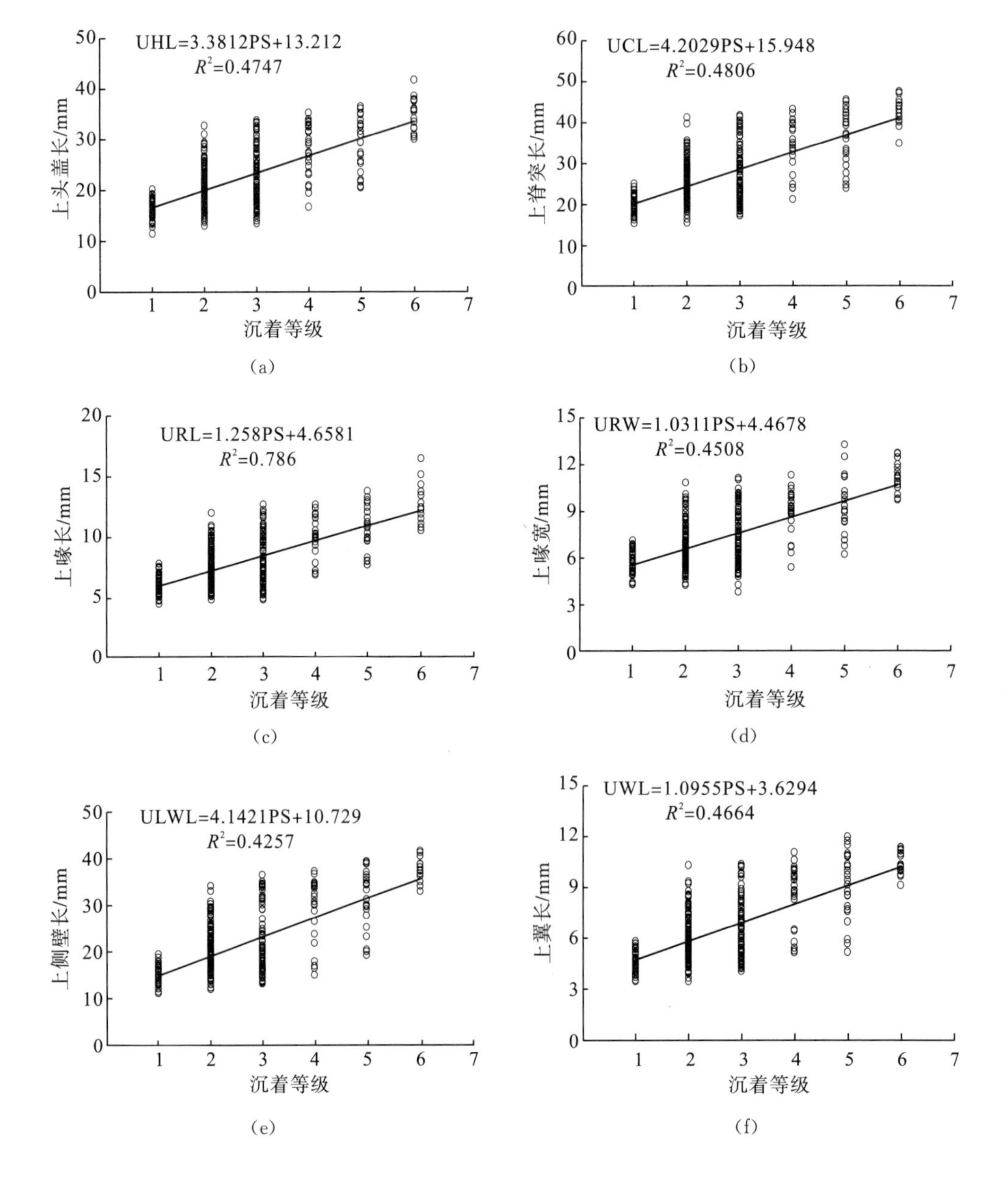

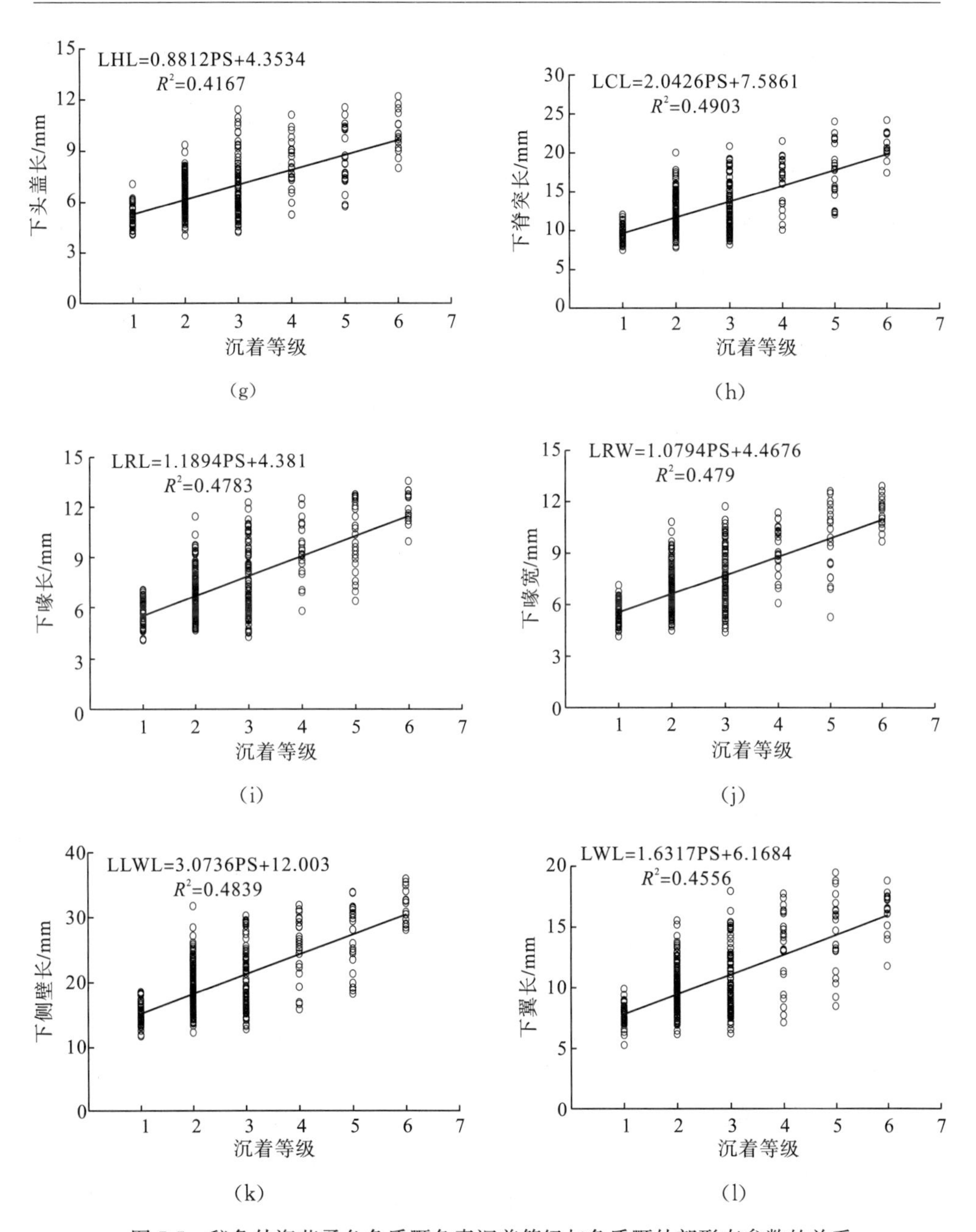


图 5-5　秘鲁外海茎柔鱼角质颚色素沉着等级与角质颚外部形态参数的关系

## 5.3　讨论与分析

从神经网络解释图可以看出，输入变量日龄和体重所连出的直线较粗，对隐含层有较大的贡献(图 5-3)，同时自变量相关的结果显示日龄和体重的贡献率大于胴长(表 5-3)。体重的贡献率较大可能是由于茎柔鱼体重的增加需要摄食大量的食物，因此需要茎柔鱼拥有更大、更坚硬的角质颚才能捕获更大、更强壮的被捕食者来提供体重增加所需要的物质。从总体上看，随着日龄、胴长和体重的增加，茎柔鱼角质颚色素沉着等级也呈现出增大的趋势(图 5-5)。尽管角质颚色素沉着的不同等级对应的胴长具有一定程度的重叠，但从总体上看，尖盘爱尔斗蛸(*Eledone cirrhosa*)(Lefkaditou and Bekas，2004)、科氏滑柔鱼(*Illex coindetii*)(Castro and Hernańdez-García，1995)、褶柔鱼(*Todarodes sagittatus*)(Hernańdez-García et al.，1998)以及短柔鱼(Hernańdez-García，2003)的胴长与角质颚色素沉着等级呈现出正相关关系。方舟等(2013)对阿根廷滑柔鱼(*Illex argentinus*)角质颚的色素沉着进行了研究，也认为胴长和体重与角质颚色素沉着等级呈现出正相关关系。

柔鱼类角质颚色素沉着的变化与个体的生长有关。Clarke(1962)认为，下颚翼部开始色素沉着时，角质颚的色素沉着开始明显并且迅速，而且这与性成熟的开始相一致。Hernańdez-García(2003)研究认为，短柔鱼角质颚色素沉着的模式类似于科氏滑柔鱼(Castro and Hernańdez-García，1995)和褶柔鱼(Hernańdez-García et al.，1998)，角质颚的色素沉着与个体的性成熟密切相关，色素沉着等级为 2～4 级，性成熟阶段为成熟期的个体很少，并认为此阶段是个体发育迅速且短暂的过程。然而，本书研究中并没有发现这一现象，这可能是因为种类的不同以及栖息环境的差异。本书研究发现，性腺成熟度与茎柔鱼角质颚色素沉着等级的关系密切，神经网络解释图显示，性腺成熟度连出的直线较粗，对隐含层具有较大的贡献(图 5-3)；在所有的输入变量中，性腺成熟度的贡献率最大，达 9.14%(表 5-3)。而且，随着性腺成熟度等级的增大，角质颚色素沉着等级呈现出逐渐增大的趋势(表 5-4)，这与 Hernańdez-García 等(1998)的研究结果相似。

方舟等(2013)研究了阿根廷滑柔鱼的角质颚，发现角质颚外部形态与角质颚色素沉着等级呈正相关关系。Hernańdez-García(2003)研究发现，短柔鱼角质颚的下喙长与角质颚色素沉着等级呈正相关关系。同样，褶柔鱼角质颚的下喙长与角质颚色素沉着等级也呈正相关关系(Hernańdez-García et al.，1998)。本书研究发现，角质颚色素沉着等级与角质颚各形态参数也均呈正相关关系(图 5-5)。而且，神经网络解释图和自变量相关结果显示，在上角质颚各形态参数中，上喙长的贡献率较大，达 7.88%(图 5-3、表 5-3)，在下角质颚各形态参数中，下翼长的贡献率较大，达 9.07%(图 5-3、表 5-3)。在摄食的过程中，下颚主要起到支撑作用，而上颚更为主动地撕碎食物(Franco-Santos and Vidal，2014a，2014b)，因此上角质颚喙部的生长以及喙部硬度的增强可以更快地撕碎猎物，提高捕食的效率(方舟等，2014a，2014b)；下角质颚色素沉着最明显的变化表现在翼部(Hernańdez-García，2003)，而且下颚的翼部覆盖着肌肉，因此下角质颚翼部的生长以及翼部硬度的增强有助于在撕咬食物时提供强有力的支撑。可以看出，角质颚在生长的过程中，角质颚的色素沉着等级逐渐增大，角质颚的硬度也逐渐增强。

## 5.4 小　结

本章利用神经网络模型定量地分析了茎柔鱼及其角质颚的生长对角质颚色素沉着的影响，建立了各输入变量与角质颚色素沉着等级的关系。研究认为，随着茎柔鱼及其角质颚的生长，角质颚的色素沉着等级逐渐增大。在各输入变量中，日龄、体重、性腺成熟度、上喙长以及下翼长对角质颚色素沉着的影响较大。角质颚色素沉着与茎柔鱼及其角质颚的生长密切相关，角质颚色素沉着不仅可以反映个体的生长，还可以反映食性的变化。角质颚色素沉着的过程伴随着个体及其角质颚的生长，角质颚的硬度也逐渐加强(Castro and Hernańdez-García，1995)，这使得头足类可以捕获更大、更强壮的动物，从而导致食性的变化，同时也会引起其行为的变化(Hernańdez-García，1995)。因此，头足类角质颚的生长以及其硬度的加强，可以使其捕获更多种类的被捕食者以及捕获更大个体的被捕食者，使其变得更加强壮以应对和适应复杂的生态环境。

# 第 6 章　茎柔鱼角质颚微化学及其与耳石比较

## 6.1　材料与方法

### 6.1.1　样本采集

在本章研究中，共 57 尾茎柔鱼被用于微量元素的研究，样本采集的时间为 2013～2014 年，作业的海域为 78°20′～83°30′W、10°50′～17°55′S，样本均采集于秘鲁外海(图 6-1)，记录所有样本的捕捞日期和捕捞地点，测定胴长(精确至 1mm)和体重(精确至 1g)，鉴定性别并划分性腺成熟度等级(Lipiński an Underhill，1995)(表 6-1)。

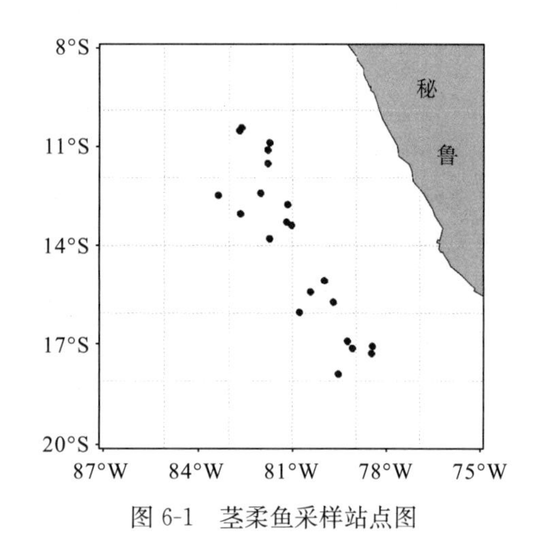

图 6-1　茎柔鱼采样站点图

**表 6-1　茎柔鱼样本信息**

| 样本号 | 捕捞日期 | 地理坐标 | 胴长/cm | 体重/g | 性别 | 性腺成熟度 | 日龄/d | 孵化日期 | 产卵群体 |
|---|---|---|---|---|---|---|---|---|---|
| C334 | 2013/07/15 | 83°23′W，12°29′S | 299 | 774 | ♀ | Ⅰ | 199 | 2012/12/28 | 夏季 |
| C336 | 2013/07/15 | 83°24′W，12°29′S | 260 | 486 | ♂ | Ⅰ | 154 | 2013/02/11 | 夏季 |
| C66 | 2013/08/18 | 81°45′W，10°54′S | 266 | 496 | ♀ | Ⅰ | 193 | 2013/02/6 | 夏季 |
| C84 | 2013/08/18 | 81°45′W，10°54′S | 239 | 419 | ♂ | Ⅰ | 155 | 2013/03/16 | 秋季 |
| C139 | 2013/09/07 | 81°02′W，13°23′S | 241 | 389 | ♀ | Ⅰ | 161 | 2013/03/30 | 秋季 |
| C143 | 2013/09/07 | 81°02′W，13°23′S | 259 | 477 | ♀ | Ⅰ | 171 | 2013/03/20 | 秋季 |
| C103 | 2013/09/11 | 81°13′W，13°18′S | 251 | 364 | ♂ | Ⅴ | 170 | 2013/03/25 | 秋季 |
| C283 | 2013/09/15 | 81°49′W，11°31′S | 354 | 1229 | ♀ | Ⅰ | 212 | 2013/02/15 | 夏季 |

续表

| 样本号 | 捕捞日期 | 地理坐标 | 胴长/cm | 体重/g | 性别 | 性腺成熟度 | 日龄/d | 孵化日期 | 产卵群体 |
|---|---|---|---|---|---|---|---|---|---|
| C254 | 2013/09/19 | 81°11′W，12°46′S | 240 | 405 | ♂ | Ⅳ | 178 | 2013/03/25 | 秋季 |
| C226 | 2014/02/18 | 80°47′W，16°01′S | 290 | 762 | ♀ | Ⅰ | 224 | 2013/07/09 | 冬季 |
| C235 | 2014/02/18 | 80°47′W，16°01′S | 367 | 511 | ♀ | Ⅰ | 262 | 2013/06/01 | 冬季 |
| C239 | 2014/02/18 | 80°47′W，16°01′S | 287 | 689 | ♀ | Ⅰ | 274 | 2013/05/20 | 秋季 |
| C246 | 2014/02/18 | 80°47′W，16°01′S | 305 | 804 | ♀ | Ⅰ | 213 | 2013/07/20 | 冬季 |
| C613 | 2014/03/02 | 77°51′W，17°38′S | 540 | 4754 | ♀ | Ⅱ | 389 | 2013/02/06 | 夏季 |
| C806 | 2014/03/06 | 78°00′W，16°40′S | 415 | 2316 | ♂ | Ⅱ | 334 | 2013/04/06 | 秋季 |
| C573 | 2014/03/11 | 79°32′W，17°53′S | 385 | 1835 | ♀ | Ⅰ | 308 | 2013/05/7 | 秋季 |
| C576 | 2014/03/11 | 79°32′W，17°53′S | 440 | 2663 | ♀ | Ⅰ | 321 | 2013/04/24 | 秋季 |
| C756 | 2014/03/19 | 74°57′W，17°40′S | 395 | 4754 | ♂ | Ⅰ | 310 | 2013/05/13 | 秋季 |
| C757 | 2014/03/19 | 74°57′W，17°40′S | 413 | 4754 | ♂ | Ⅱ | 332 | 2013/04/21 | 秋季 |
| C805 | 2014/03/28 | 79°06′W，17°06′S | 488 | 3546 | ♂ | Ⅱ | 366 | 2013/03/27 | 秋季 |
| C752 | 2014/04/07 | 78°28′W，17°02′S | 514 | 4256 | ♀ | Ⅱ | 346 | 2013/04/26 | 秋季 |
| C753 | 2014/04/07 | 78°28′W，17°02′S | 508 | 4851 | ♀ | Ⅱ | 362 | 2013/04/10 | 秋季 |
| C384 | 2014/04/10 | 78°30′W，17°15′S | 360 | 1439 | ♀ | Ⅱ | 255 | 2013/07/29 | 冬季 |
| C387 | 2014/04/10 | 78°30′W，17°15′S | 347 | 1314 | ♀ | Ⅱ | 258 | 2013/07/26 | 冬季 |
| C394 | 2014/04/10 | 78°30′W，17°15′S | 267 | 1432 | ♀ | Ⅰ | 210 | 2013/09/12 | 春季 |
| C399 | 2014/04/10 | 78°30′W，17°15′S | 335 | 1192 | ♂ | Ⅱ | 256 | 2013/07/28 | 冬季 |
| C762 | 2014/04/14 | 79°15′W，16°54′S | 385 | 1701 | ♀ | Ⅰ | 318 | 2013/05/31 | 秋季 |
| C763 | 2014/04/14 | 79°15′W，16°54′S | 408 | 1872 | ♀ | Ⅰ | 300 | 2013/06/18 | 冬季 |
| C765 | 2014/04/14 | 79°15′W，16°54′S | 350 | 1363 | ♀ | Ⅰ | 283 | 2013/07/05 | 冬季 |
| C293 | 2014/06/08 | 80°00′W，15°03′S | 283 | 690 | ♀ | Ⅰ | 236 | 2013/10/15 | 春季 |
| C295 | 2014/06/08 | 80°00′W，15°03′S | 312 | 843 | ♀ | Ⅰ | 244 | 2013/10/07 | 春季 |
| C106 | 2014/06/12 | 79°42′W，15°42′S | 350 | 1261 | ♀ | Ⅰ | 247 | 2013/10/08 | 春季 |
| C113 | 2014/06/12 | 79°42′W，15°42′S | 273 | 562 | ♀ | Ⅰ | 202 | 2013/11/22 | 春季 |
| C114 | 2014/06/12 | 79°42′W，15°42′S | 320 | 735 | ♂ | Ⅲ | 214 | 2013/11/10 | 春季 |
| C115 | 2014/06/12 | 79°42′W，15°42′S | 311 | 887 | ♀ | Ⅰ | 215 | 2013/11/09 | 春季 |
| C116 | 2014/06/12 | 79°42′W，15°42′S | 390 | 1693 | ♀ | Ⅲ | 208 | 2013/11/16 | 春季 |
| C120 | 2014/06/12 | 79°42′W，15°42′S | 315 | 825 | ♂ | Ⅲ | 252 | 2013/10/03 | 春季 |
| C797 | 2014/06/24 | 80°27′W，15°24′S | 328 | 954 | ♀ | Ⅰ | 251 | 2013/10/16 | 春季 |

续表

| 样本号 | 捕捞日期 | 地理坐标 | 胴长/cm | 体重/g | 性别 | 性腺成熟度 | 日龄/d | 孵化日期 | 产卵群体 |
|---|---|---|---|---|---|---|---|---|---|
| C619 | 2014/07/06 | 81°45′W，13°47′S | 422 | 2016 | ♂ | Ⅲ | 356 | 2013/07/15 | 冬季 |
| C620 | 2014/07/06 | 81°45′W，13°47′S | 490 | 4730 | ♀ | Ⅱ | 348 | 2013/07/23 | 冬季 |
| C741 | 2014/07/18 | 82°40′W，13°03′S | 392 | 1583 | ♀ | Ⅰ | 298 | 2013/09/23 | 春季 |
| C742 | 2014/07/18 | 82°40′W，13°03′S | 452 | 2856 | ♀ | Ⅲ | 326 | 2013/08/26 | 冬季 |
| C743 | 2014/07/18 | 82°40′W，13°03′S | 444 | 2517 | ♀ | Ⅰ | 331 | 2013/08/21 | 冬季 |
| C748 | 2014/07/18 | 82°40′W，13°03′S | 400 | 1797 | ♀ | Ⅰ | 283 | 2013/10/8 | 春季 |
| C510 | 2014/07/31 | 82°02′W，12°25′S | 298 | 730 | ♀ | Ⅰ | 196 | 2014/01/16 | 夏季 |
| C525 | 2014/07/31 | 82°02′W，12°25′S | 270 | 546 | ♀ | Ⅰ | 212 | 2013/12/31 | 夏季 |
| C539 | 2014/07/31 | 82°02′W，12°25′S | 276 | 571 | ♀ | Ⅰ | 201 | 2014/01/11 | 夏季 |
| C585 | 2014/09/03 | 82°42′W，10°32′S | 278 | 598 | ♀ | Ⅰ | 190 | 2014/02/25 | 夏季 |
| C586 | 2014/09/03 | 82°42′W，10°32′S | 334 | 972 | ♂ | Ⅰ | 224 | 2014/01/22 | 夏季 |
| C597 | 2014/09/03 | 82°42′W，10°32′S | 258 | 467 | ♀ | Ⅰ | 221 | 2014/01/25 | 夏季 |
| C599 | 2014/09/03 | 82°42′W，10°32′S | 310 | 777 | ♀ | Ⅰ | 229 | 2014/01/17 | 夏季 |
| C80 | 2014/09/07 | 82°39′W，10°26′S | 232 | 364 | ♂ | Ⅰ | 218 | 2014/02/01 | 夏季 |
| C488 | 2014/09/13 | 81°48′W，11°07′S | 287 | 650 | ♂ | Ⅰ | 224 | 2014/02/01 | 夏季 |
| C497 | 2014/09/13 | 81°48′W，11°07′S | 315 | 893 | ♂ | Ⅰ | 228 | 2014/01/28 | 夏季 |
| C501 | 2014/09/13 | 81°48′W，11°07′S | 250 | 472 | ♂ | Ⅰ | 225 | 2014/01/31 | 夏季 |
| C503 | 2014/09/13 | 81°48′W，11°07′S | 303 | 847 | ♀ | Ⅰ | 244 | 2014/01/12 | 夏季 |
| C505 | 2014/09/13 | 81°48′W，11°07′S | 290 | 671 | ♀ | Ⅰ | 222 | 2014/02/03 | 夏季 |

### 6.1.2　实验方法

1. 生物学测定与角质颚提取

生物学测定及耳石和角质颚提取的方法见本书第 2 章。

2. 日龄估算及孵化日期的推算

对 54 尾茎柔鱼的耳石和 36 尾茎柔鱼的角质颚进行研磨，切片制作及轮纹计数的方法见本书第 2 章。捕捞日期减去估算的日龄即为茎柔鱼的孵化日期。

3. 微量元素的测定

耳石和角质颚的切片制作完成后，用电阻>18Ω 的去离子水对其进行清洗并晾干，用于微量元素的测定。

对耳石微量元素进行测定时，从核心到边缘共有 5 个取样点，第 1 个取样点位于核心区，代表胚胎期；第 2 个取样点位于后核心区，代表仔鱼期；第 3 个取样点位于暗区，代表稚鱼期；第 4 个取样点位于暗区附近的外围区，代表亚成鱼期；第 5 个点位于耳石边缘，代表成鱼期(Zumholz et al.，2007)(图 6-2)。

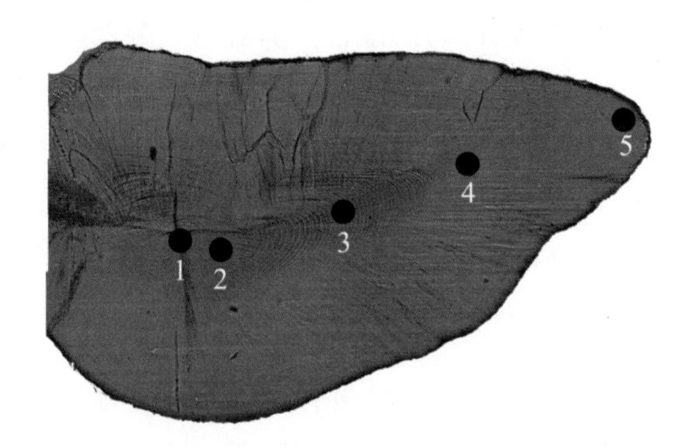


图 6-2　茎柔鱼不同生长阶段耳石微量元素取样点

注：1～5 取样点分别代表胚胎期、仔鱼期、稚鱼期、亚成鱼期和成鱼期。

对角质颚微量元素进行测定时，从角质颚第一个生长纹至最后一个生长纹，共有 5 个取样点，通过对应耳石各生长期所对应的生长纹数，进行选点。第 1 个点位于角质颚矢状切面的喙部头盖背侧边缘，代表茎柔鱼刚孵化；第 2 个点位于第 15 到第 30 个生长纹之间，代表仔鱼期；第 3 个点位于第 60 到第 80 个生长纹之间，代表稚鱼期；第 4 个点位于第 100 到第 130 个生长纹之间，代表亚成鱼期；第 5 个点位于最后一个生长纹处，代表成鱼期(Zumholz et al.，2007)(图 6-3)。

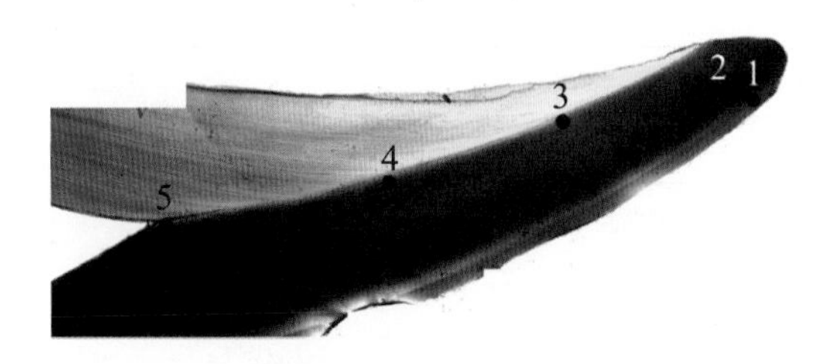


图 6-3　茎柔鱼不同生长阶段角质颚微量元素取样点

注：1～5 取样点分别代表刚孵化、仔鱼期、稚鱼期、亚成鱼期和成鱼期。

耳石微量元素的测定在上海海洋大学大洋渔业资源可持续开发教育部重点实验室内利用 LA-ICP-MS 完成，微区每个取样点测 13 种元素($^{43}Ca$、$^{7}Li$、$^{23}Na$、$^{24}Mg$、$^{55}Mn$、$^{59}Co$、$^{60}Ni$、$^{63}Cu$、$^{69}Ga$、$^{88}Sr$、$^{137}Ba$、$^{202}Hg$ 和 $^{238}U$)。激光剥蚀系统为 UP-213，ICP-MS 为 Agilent7700x，激光剥蚀直径为 40μm，激光频率为 5Hz。激光剥蚀过程采用氦气(0.65L/min)作为载气，氩气(0.7L/min)作为补偿气来调节灵敏度(Hu et al.，2008)。每个取样点包括 20s 的空白信号和 50s 的样品信

号，详细仪器操作条件见表 6-2。角质颚微量元素的测定在武汉上谱分析科技有限责任公司利用 LA-ICP-MS 完成，微区每个取样点测 13 种元素（$^{43}$Ca、$^{23}$Na、$^{24}$Mg、$^{31}$P、$^{39}$K、$^{55}$Mn、$^{59}$Co、$^{63}$Cu、$^{82}$Pb、$^{66}$Zn、$^{88}$Sr、$^{137}$Ba 和$^{238}$U）。激光剥蚀系统为 GeoLas 2005，ICP-MS 为 Agilent 7700e，激光剥蚀直径为 44μm，激光频率为 8Hz。激光剥蚀过程采用氦气（0. 7L/min）作为载气，氩气（0. 8L/min）作为补偿气来调节灵敏度（Hu et al. ，2008）。每个取样点包括 20s 的空白信号和 50s 的样品信号，详细仪器操作条件见表 6-3。以 USGS 参考玻璃（如 BCR-2G、BIR-1G 和 BHVO-2G）为校正标准，采用多外标、无内标法对元素含量进行定量计算。对分析数据的离线处理（包括对样品和空白信号的选择、仪器灵敏度漂移校正、元素含量计算）采用软件 ICPMSDataCal 完成（Liu et al. ，2008）。

**表 6-2 耳石 LA-ICP-MS 工作参数**

| UP-213 | | Agilent7700x | |
|---|---|---|---|
| 波长 | 193nm | RF 功率 | 1350W |
| 能量密度 | 11. 9J/cm$^2$ | 等离子体气 | Ar(15L/min) |
| 载气 | He(0. 65L/min) | 辅助气 | Ar(1. 0L/min) |
| 剥蚀孔径 | 40μm | 载气 | Ar(0. 7L/min) |
| 频率 | 5Hz | 采样深度 | 5mm |
| 剥蚀方式 | 单点 | 检测器模式 | Dual |

**表 6-3 角质颚 LA-ICP-MS 工作参数**

| GeoLas 2005 | | Agilent 7700e | |
|---|---|---|---|
| 波长 | 193nm | RF 功率 | 1350W |
| 能量密度 | 6. 0J/cm$^2$ | 等离子体气 | Ar(14L/min) |
| 载气 | He(0. 7L/min) | 辅助气 | Ar(0. 9L/min) |
| 剥蚀孔径 | 44μm | 载气 | Ar(0. 8L/min) |
| 频率 | 8Hz | 采样深度 | 5mm |
| 剥蚀方式 | 单点 | 检测器模式 | Dual |

### 6.1.3 数据分析

1. 耳石和角质颚微量元素的相关分析

利用典型相关分析理论，分析耳石和角质颚微量元素的相关性。

2. 检验不同生长阶段微量元素沉积的差异

利用方差分析(ANOVA)法检验茎柔鱼不同生长阶段耳石微量元素的差异性以及不同生长阶段角质颚微量元素的差异性。

3. 不同群体的判别

利用采用逐步判别分析法(stepwise discriminant analysis，SDA)对茎柔鱼不同产卵群体进行判别分析，建立判别函数，并计算判别正确率。

## 6.2 研究结果

### 6.2.1 角质颚微量元素沉积及其与耳石同步性分析

36 尾茎柔鱼耳石和角质颚中的微量元素均被测定，把不同生长阶段微量元素的平均值作为茎柔鱼耳石和角质颚微量元素的整体含量。耳石和角质颚中测定了 Na、Mg、Ca、Mn、Co、Ni、Sr 和 Ba 等元素。在茎柔鱼耳石中，除 Ca 之外，Sr 的含量最高，Sr/Ca 的平均值为 14.96mmol/mol，Na、Mg、Ba、Mn、Ni、Co 与 Ca 的比值的平均值分别为 10.4mmol/mol、163.18μmol/mol、16.08μmol/mol、3.34μmol/mol、1.45μmol/mol 和 0.65μmol/mol (表 6-4)。在角质颚中，Na/Ca 和 Mg/Ca 的值较高，其平均值分别为 0.33 和 0.58，Mn/Ca、Co/Ca、Ni/Ca、Sr/Ca 和 Ba/Ca 的平均值分别为 1.1mmol/mol、36.14μmol/mol、195.16μmol/mol、12.4mmol/mol 和 78.64μmol/mol(表 6-5)。

表 6-4　秘鲁外海茎柔鱼耳石微量元素与 Ca 的比值

| Me/Ca | 最小值 | 最大值 | 均值±标准差 |
|---|---|---|---|
| Na/Ca(mmol/mol) | 9.15 | 11.98 | 10.4±0.62 |
| Mg/Ca(μmol/mol) | 90.84 | 287.64 | 163.18±47.37 |
| Mn/Ca(μmol/mol) | 1.8 | 4.8 | 3.34±0.78 |
| Co/Ca(μmol/mol) | 0.43 | 0.84 | 0.65±0.1 |
| Ni/Ca(μmol/mol) | 0.5 | 3.58 | 1.45±0.74 |
| Sr/Ca(mmol/mol) | 13.47 | 16.24 | 14.96±0.74 |
| Ba/Ca(μmol/mol) | 11.05 | 27.71 | 16.08±4.59 |

注：Me 表示各金属元素，下同。

**表 6-5　秘鲁外海茎柔鱼角质颚微量元素与 Ca 的比值**

| Me/Ca | 最小值 | 最大值 | 均值±标准差 |
|---|---|---|---|
| Na/Ca | 0.08 | 0.81 | 0.33±0.16 |
| Mg/Ca | 0.38 | 0.87 | 0.58±0.12 |
| Mn/Ca(mmol/mol) | 0.27 | 3.55 | 1.1±0.72 |
| Co/Ca(μmol/mol) | 3.95 | 127.79 | 36.14±27.53 |
| Ni/Ca(μmol/mol) | 46.57 | 670.14 | 195.16±134.39 |
| Sr/Ca(mmol/mol) | 9.96 | 13.83 | 12.4±0.93 |
| Ba/Ca(μmol/mol) | 16.89 | 183.02 | 78.64±43.4 |

采用典型相关分析法，分析耳石中微量元素的含量与角质颚中微量元素含量的相关性。结果显示，耳石中 Na/Ca 与角质颚中 Na/Ca 的相关性极显著($P<0.01$)，且呈负相关关系；耳石中 Ba/Ca 与角质颚中 Ba/Ca 的相关性显著($P<0.05$)，呈正相关关系。其他微量元素在耳石和角质颚间的相关性均不显著($P>0.05$)(表 6-6、图 6-4)。

**表 6-6　秘鲁外海茎柔鱼耳石和角质颚微量元素的相关系数**

| Me/Ca | Pearson 相关系数 |
|---|---|
| Na/Ca | −0.432** |
| Mg/Ca | −0.042 |
| Mn/Ca | 0.163 |
| Co/Ca | −0.272 |
| Ni/Ca | 0.334 |
| Sr/Ca | 0.190 |
| Ba/Ca | 0.388* |

注：* 表示相关性显著($P<0.05$)，** 表示相关性极显著($P<0.01$)。

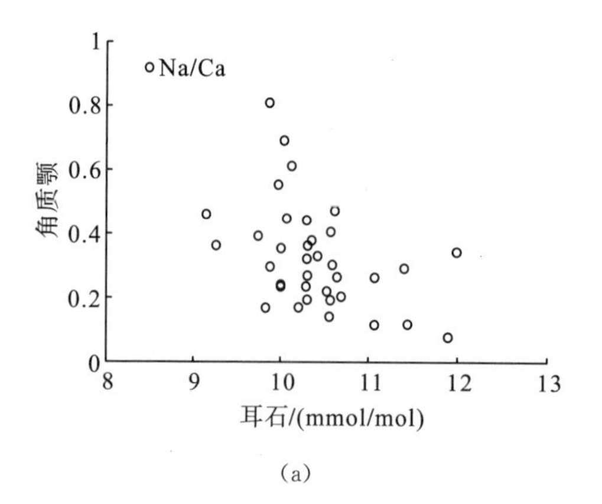


(a)

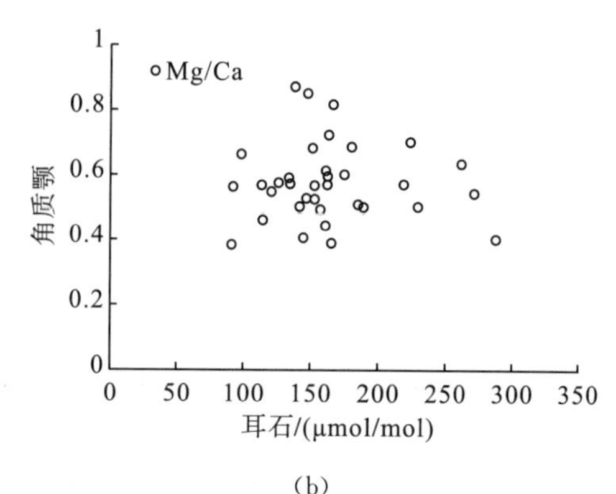


(b)

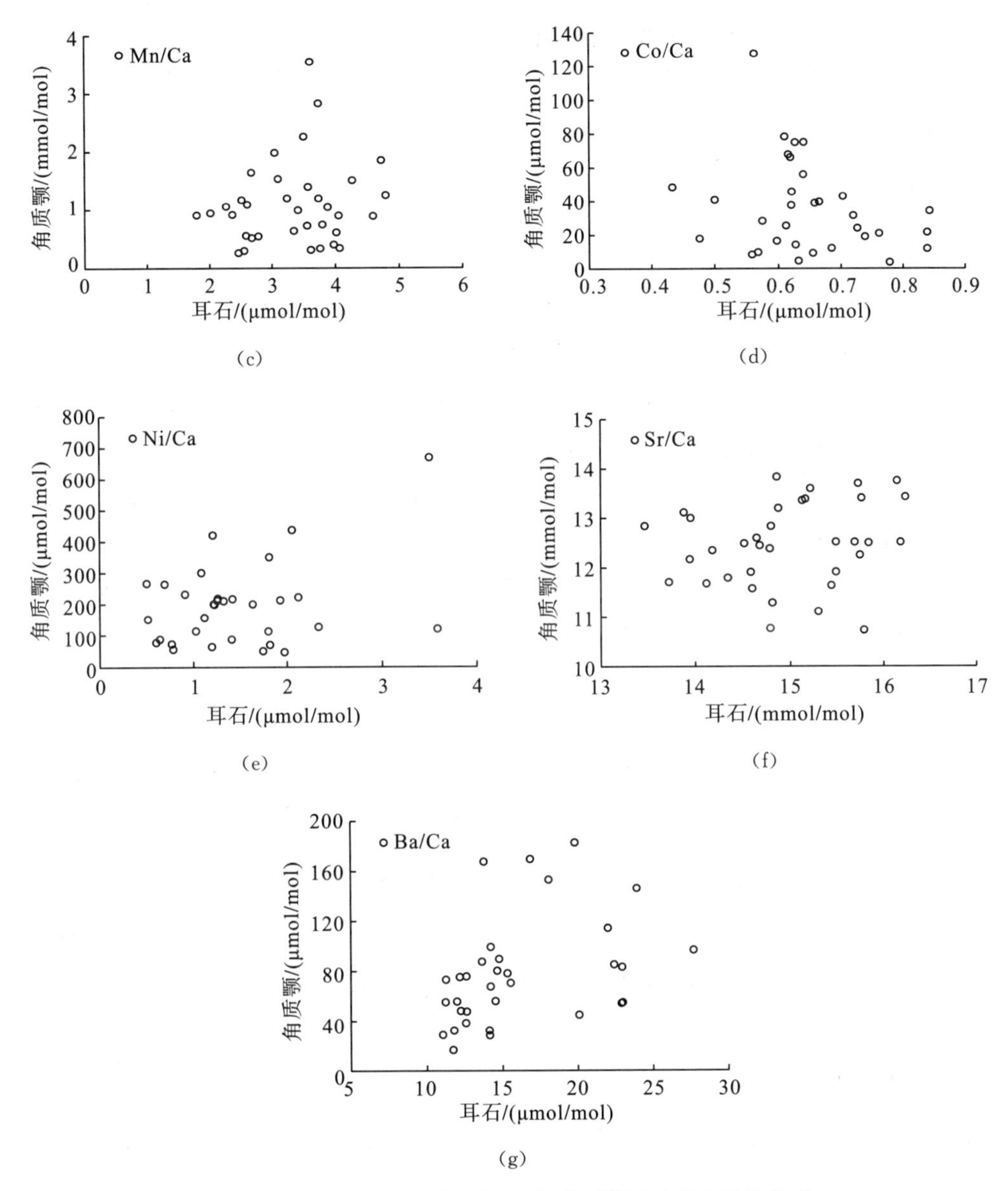


图 6-4　秘鲁外海茎柔鱼耳石和角质颚微量元素含量的关系

### 6.2.2　不同生活史时期角质颚微量元素及其与耳石比较

1. 不同生活史时期耳石微量元素

茎柔鱼不同生长期耳石的 4 种微量元素中，Sr/Ca 的平均值最大，为 15.11mmol/mol，其次是 Mg/Ca，平均值为 177.15μmol/mol，Mn/Ca 和 Ba/Ca 的平均值分别为 3.59μmol/mol 和 15.57μmol/mol(表 6-7)。

**表 6-7 秘鲁外海茎柔鱼耳石 4 种元素与 Ca 的比值**

| Me/Ca | 最小值 | 最大值 | 均值±标准差 |
|---|---|---|---|
| Mg/Ca(μmol/mol) | 46.64 | 1046.42 | 177.15±134.42 |
| Mn/Ca(μmol/mol) | 0.00 | 18.71 | 3.59±2.13 |
| Sr/Ca(mmol/mol) | 10.01 | 18.85 | 15.11±1.36 |
| Ba/Ca(μmol/mol) | 7.65 | 59.89 | 15.57±7.63 |

ANOVA 分析结果显示，茎柔鱼耳石 4 种元素在不同生长期之间的差异性均极显著($P<0.01$)(表 6-8)。LSD 分析表明，从胚胎期至成鱼期，耳石 Mg/Ca 逐渐减小，仔鱼期与稚鱼期之间的差异性不显著($P>0.05$)，在其他相邻生长期之间的差异性均显著($P<0.05$)；从胚胎期至成鱼期，耳石 Mn/Ca 逐渐减小，在胚胎期与仔鱼期、仔鱼期与稚鱼期之间差异性极显著($P<0.01$)，在稚鱼期与亚成鱼期、亚成鱼期与成鱼期之间的差异性不显著($P>0.05$)；从胚胎期至亚成鱼期，耳石 Sr/Ca 逐渐减小，亚成鱼期至成鱼期 Sr/Ca 增大，在胚胎期与仔鱼期、亚成鱼期与成鱼期之间的差异性不显著($P>0.05$)，在仔鱼期与稚鱼期、稚鱼期与亚成鱼期之间的差异性极显著($P<0.01$)；从仔鱼期至成鱼期，耳石 Ba/Ca 逐渐增大，在亚成鱼期与成鱼期差异性极显著($P<0.01$)，在其他相邻生长期之间的差异性均不显著($P>0.05$)(图 6-5)。

**表 6-8 秘鲁外海茎柔鱼不同生长期耳石 4 种元素与 Ca 的比值**

| Me/Ca | 核心区 | 后核心区 | 暗区 | 外围区 | 边缘 | $P$ 值 |
|---|---|---|---|---|---|---|
| Mg/Ca(μmol/mol) | 312.02±205.06 | 183.98±41.32 | 169.76±34.73 | 121.62±46.98 | 84.87±39.82 | <0.01 |
| Mn/Ca(μmol/mol) | 5.60±2.53 | 4.19±2.37 | 3.00±1.21 | 2.81±1.34 | 2.5±1.3 | <0.01 |
| Sr/Ca(mmol/mol) | 16.24±0.97 | 16.15±0.98 | 14.79±0.85 | 14.08±0.93 | 14.42±1.39 | <0.01 |
| Ba/Ca(μmol/mol) | 13.26±2.42 | 13.05±3.62 | 14.34±7.91 | 15.51±7.23 | 21.17±10.37 | <0.01 |

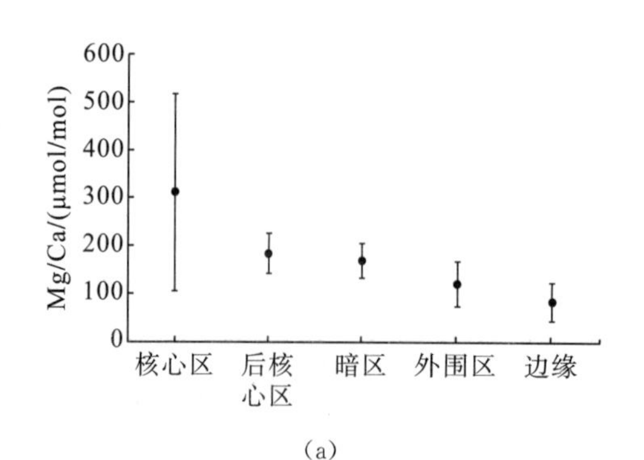

(a)

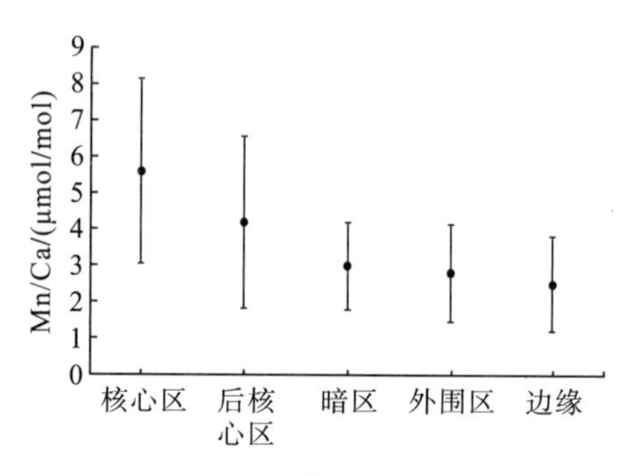

(b)

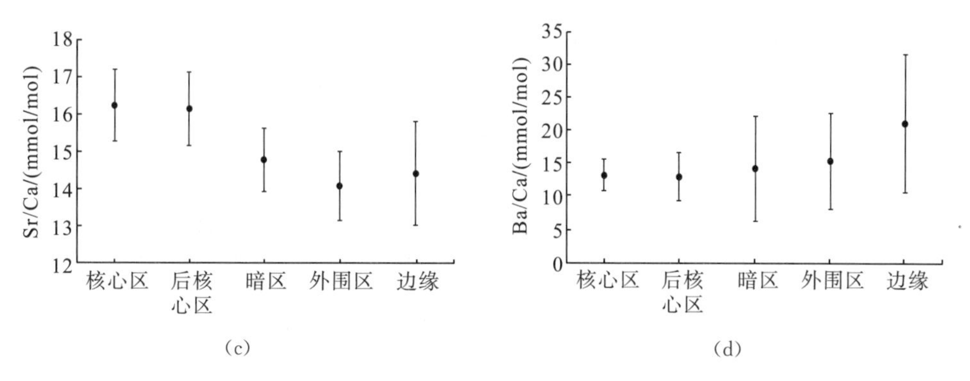


图 6-5 秘鲁外海茎柔鱼不同生长期耳石 4 种元素与 Ca 的比值

2. 不同生活史时期角质颚微量元素

茎柔鱼不同生长期角质颚的 6 种微量元素中，Mg/Ca 的平均值最大，为 0.577，其次是 P/Ca，平均值为 0.332，Mn/Ca、Zn/Ca、Sr/Ca 和 Ba/Ca 的平均值分别为 0.991mmol/mol、9.87mmol/mol、12.52mmol/mol 和 97.4μmol/mol（表 6-9）。

**表 6-9 秘鲁外海茎柔鱼角质颚 6 种元素与 Ca 的比值**

| Me/Ca | 最小值 | 最大值 | 均值±标准差 |
|---|---|---|---|
| Mg/Ca | 0.11 | 1.02 | 0.577±0.195 |
| P/Ca | 0.02 | 1.92 | 0.332±0.332 |
| Mn/Ca/(mmol/mol) | 0.00 | 8.59 | 0.991±1.321 |
| Zn/Ca/(mmol/mol) | 0.63 | 72.11 | 9.87±11.56 |
| Sr/Ca/(mmol/mol) | 6.06 | 18.59 | 12.52±1.7 |
| Ba/Ca/(μmol/mol) | 0.00 | 1197.96 | 97.4±166.86 |

ANOVA 分析结果显示，茎柔鱼角质颚 Ba/Ca 在不同生长期之间的差异性不显著（$P>0.05$），其他 5 种元素在不同生长期之间的差异性均极显著（$P<0.01$）（表 6-10）。LSD 分析表明，茎柔鱼从刚孵化到亚成鱼期，角质颚 Mg/Ca 逐渐减小，亚成鱼期至成鱼期 Mg/Ca 增大，在稚鱼期与亚成鱼期、亚成鱼期与成鱼期之间的差异性显著（$P<0.05$），在刚孵化与仔鱼期、仔鱼期与稚鱼期之间的差异性不显著（$P>0.05$）；从刚孵化到成鱼期，Mn/Ca 逐渐增大，仔鱼期与稚鱼期之间的差异性极显著（$P<0.01$），其他相邻生长期之间的差异性均不显著（$P>0.05$），稚鱼期、亚成鱼期和成鱼期的 Mn/Ca 极显著高于刚孵化和仔鱼期（$P<0.01$）；从刚孵化到成鱼期，Zn/Ca 呈现出减小的趋势，刚孵化和仔鱼期的 Zn/Ca 显著高于稚鱼期、亚成鱼期和成鱼期（$P<0.05$）；P/Ca 在亚成鱼期与成鱼

期之间差异不显著($P>0.05$)，在其他相邻生长期之间的差异性均极显著($P<0.01$)，Ba/Ca在相邻生长期之间的差异性均不显著($P>0.05$)，从刚孵化至成鱼期，Sr/Ca、P/Ca和Ba/Ca的变化趋势一致，从仔鱼期至亚成鱼期逐渐增大，亚成鱼期至成鱼期减小(图6-6)。

**表6-10　秘鲁外海茎柔鱼不同生长期角质颚6种元素与Ca的比值**

| Me/Ca | 刚孵化 | 仔鱼期 | 稚鱼期 | 亚成鱼期 | 成鱼期 | $P$ 值 |
|---|---|---|---|---|---|---|
| Mg/Ca | 0.64±0.1 | 0.61±0.17 | 0.57±0.24 | 0.46±0.22 | 0.61±0.17 | <0.01 |
| P/Ca | 0.34±0.29 | 0.1±0.12 | 0.3±0.25 | 0.52±0.38 | 0.42±0.41 | <0.01 |
| Mn/Ca/(mmol/mol) | 0.35±0.4 | 0.36±0.48 | 1.18±1.57 | 1.49±1.39 | 1.69±1.67 | <0.01 |
| Zn/Ca/(mmol/mol) | 21.89±15.45 | 11±10.48 | 5.09±4.92 | 5.92±7.69 | 4.71±4.77 | <0.01 |
| Sr/Ca/(mmol/mol) | 13±1.23 | 12.17±0.83 | 12.66±1.22 | 13±2.6 | 11.61±1.69 | <0.01 |
| Ba/Ca/(μmol/mol) | 105.38±146.49 | 45.99±42.2 | 112.87±197.46 | 142.96±242.91 | 76.68±112.87 | >0.05 |

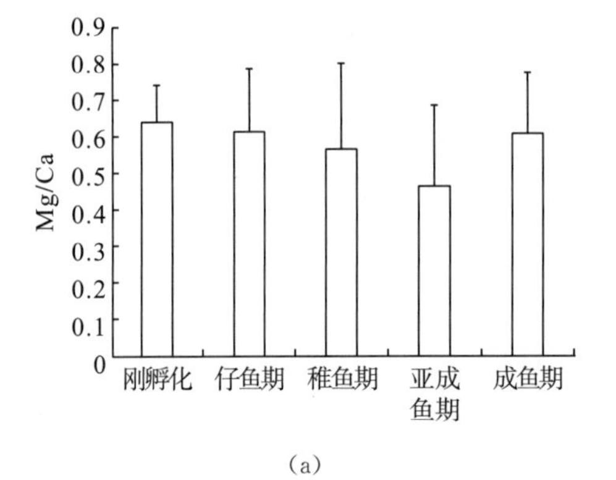


(a)

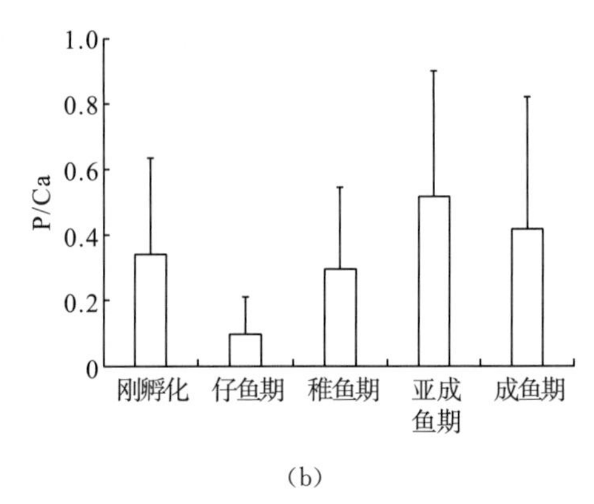


(b)

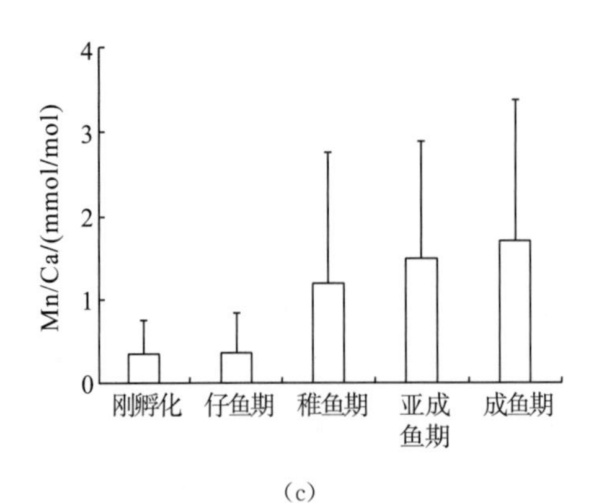


(c)

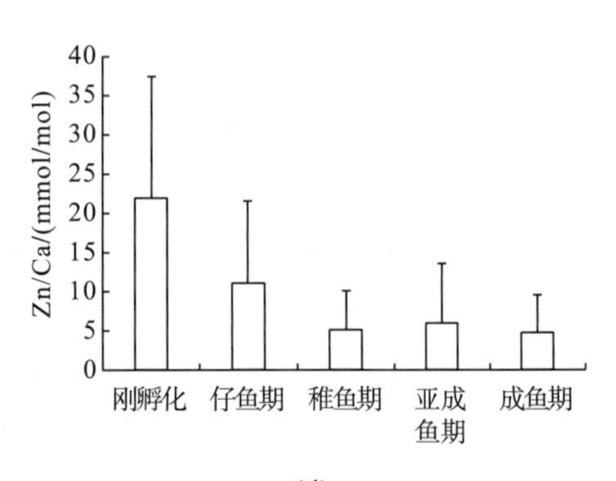


(d)

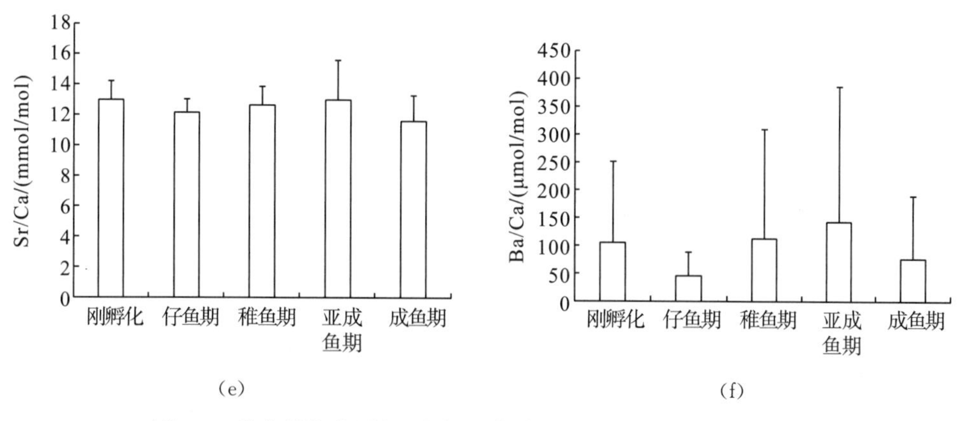


图 6-6　秘鲁外海茎柔鱼不同生长期角质颚 6 种元素与 Ca 的比值

### 6.2.3　基于生长初期的角质颚微量元素茎柔鱼种群结构及其与耳石比较

1. 生长初期耳石微量元素判别茎柔鱼种群结构

1)生长初期耳石微量元素

在茎柔鱼耳石核心区与后核心区 12 种微量元素中，Sr 的含量最高(表 6-11)，利用 ANOVA 法检验茎柔鱼耳石核心区与后核心区微量元素的差异性，结果显示，Na/Ca 和 Cu/Ca 在核心区与后核心区之间的差异性显著($P<0.05$)，Mg/Ca 在核心区与后核心区之间的差异性极显著($P<0.01$)，其他元素在核心区与后核心区之间的差异性均不显著($P>0.05$)(表 6-11)。

**表 6-11　茎柔鱼耳石核心区和后核心区微量元素**

| Me/Ca | 核心区 | | 后核心区 | | P 值 |
|---|---|---|---|---|---|
| | 范围 | 均值±标准差 | 范围 | 均值±标准差 | |
| Li/Ca/(μmol/mol) | 0.55～2.40 | 1.77±0.45 | 0.99～3.16 | 1.81±0.52 | >0.05 |
| Na/Ca/(mmol/mol) | 7.13～12.40 | 10.04±1.18 | 7.31～12.53 | 10.66±1.27 | <0.05 |
| Mg/Ca/(μmol/mol) | 110～1046 | 323±219 | 102～267 | 195±39 | <0.01 |
| Mn/Ca/(μmol/mol) | 1.44～15.10 | 5.83±2.83 | 2.01～18.71 | 4.62±2.84 | >0.05 |
| Co/Ca/(μmol/mol) | 0.27～1.74 | 0.69±0.31 | 0.37～1.89 | 0.67±0.31 | >0.05 |
| Ni/Ca/(μmol/mol) | 0～2.58 | 1±0.84 | 0～3.32 | 1.23±0.94 | >0.05 |
| Cu/Ca/(μmol/mol) | 0～3.12 | 0.75±0.77 | 0～2.08 | 0.34±0.42 | <0.05 |
| Ga/Ca/(μmol/mol) | 0～0.48 | 0.21±0.1 | 0.03～0.5 | 0.19±0.11 | >0.05 |

续表

| Me/Ca | 核心区 | | 后核心区 | | P 值 |
|---|---|---|---|---|---|
| | 范围 | 均值±标准差 | 范围 | 均值±标准差 | |
| Sr/Ca/(mmol/mol) | 14.49～18.65 | 16.21±1.02 | 14.4～18.85 | 16.32±0.98 | >0.05 |
| Ba/Ca/(μmol/mol) | 9.09～18.59 | 12.97±2.14 | 9.52～29.14 | 13.53±4.08 | >0.05 |
| Hg/Ca/(μmol/mol) | 0～0.79 | 0.24±0.19 | 0～0.86 | 0.23±0.21 | >0.05 |
| U/Ca/(μmol/mol) | 0～0.193 | 0.05±0.048 | 0～0.136 | 0.035±0.031 | >0.05 |

2)不同产卵群体生长初期耳石微量元素

ANOVA 分析结果显示，茎柔鱼耳石核心区 Ba/Ca 在不同产卵群体间的差异性显著($P<0.05$)，其他元素在不同产卵群体间的差异性均不显著($P>0.05$)(表 6-12)。LSD 分析表明，耳石核心区 Na/Ca 在夏、秋季产卵群体间差异显著($P<0.05$)，在其他产卵群体间差异性不显著($P>0.05$)；Sr/Ca 在夏、冬季产卵群体间差异显著($P<0.05$)，在其他产卵群体间差异不显著($P>0.05$)，从夏季到冬季，Sr/Ca 逐渐减小；Ba/Ca 在夏、冬季产卵群体间的差异性极显著($P<0.01$)，在其他产卵群体间差异不显著($P>0.05$)，从夏季到冬季，Ba/Ca 逐渐增大(图 6-7)。

**表 6-12 秘鲁外海茎柔鱼不同产卵群体耳石核心区的微量元素**

| Me/Ca | 核心区 | | | P 值 |
|---|---|---|---|---|
| | 夏 | 秋 | 冬 | |
| Li/Ca/(μmol/mol) | 1.86±0.4 | 1.78±0.46 | 1.56±0.53 | >0.05 |
| Na/Ca/(mmol/mol) | 10.54±0.94 | 9.46±1.46 | 9.8±0.83 | >0.05 |
| Mg/Ca/(μmol/mol) | 349±254 | 264±169 | 352±211 | >0.05 |
| Mn/Ca/(μmol/mol) | 5.87±2.61 | 5.28±2.41 | 6.55±3.95 | >0.05 |
| Co/Ca/(μmol/mol) | 0.76±0.43 | 0.64±0.19 | 0.65±0.11 | >0.05 |
| Ni/Ca/(μmol/mol) | 1.15±1.02 | 0.81±0.7 | 0.97±0.6 | >0.05 |
| Cu/Ca/(μmol/mol) | 0.82±0.83 | 0.57±0.78 | 0.83±0.68 | >0.05 |
| Ga/Ca/(μmol/mol) | 0.23±0.1 | 0.2±0.1 | 0.18±0.12 | >0.05 |
| Sr/Ca/(mmol/mol) | 16.57±1.12 | 16.18±0.82 | 15.49±0.7 | >0.05 |
| Ba/Ca/(μmol/mol) | 12.16±1.73 | 12.99±1.86 | 14.69±2.53 | <0.05 |
| Hg/Ca/(μmol/mol) | 0.22±0.21 | 0.25±0.14 | 0.28±0.21 | >0.05 |
| U/Ca/(μmol/mol) | 0.056±0.053 | 0.059±0.047 | 0.023±0.034 | >0.05 |

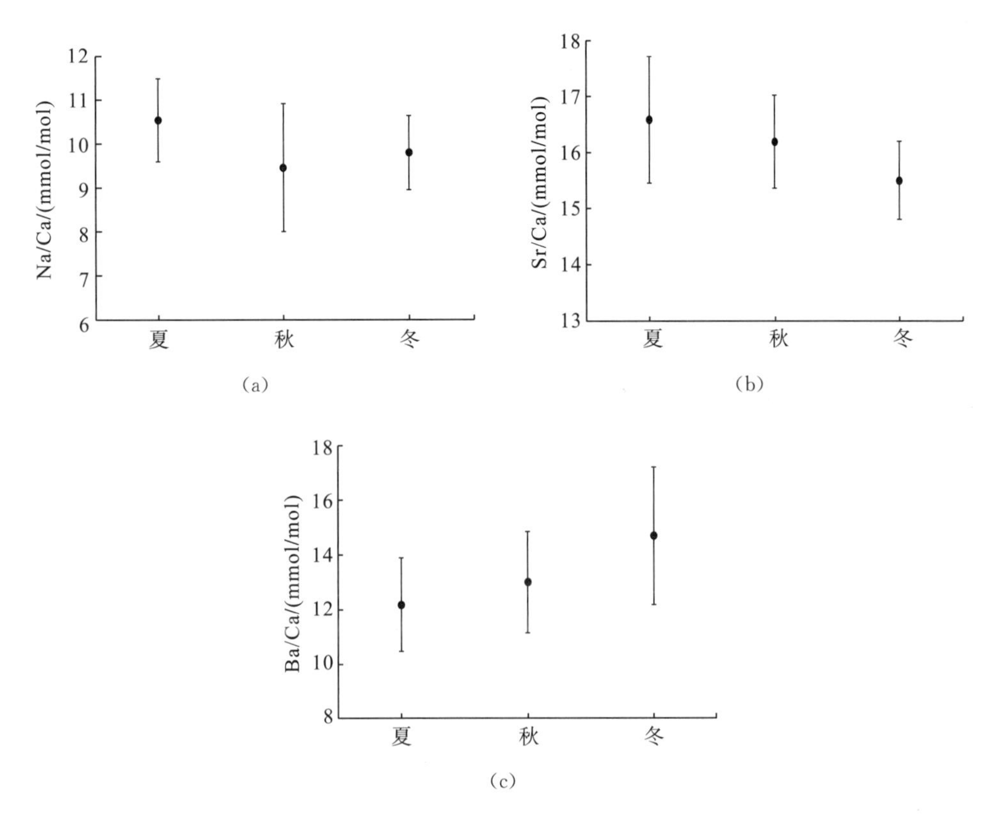


图 6-7　秘鲁外海茎柔鱼不同产卵群体耳石核心区的微量元素

ANOVA 分析结果显示，茎柔鱼耳石后核心区 Ba/Ca 在不同产卵群体间的差异性极显著($P<0.01$)，其他元素在不同产卵群体间的差异性均不显著($P>0.05$)(表 6-13)。LSD 分析表明，耳石后核心区 Ba/Ca 在夏季产卵群体与冬季产卵群体、秋季产卵群体与冬季产卵群体之间的差异性均极显著($P<0.01$)，从夏季到冬季，Ba/Ca 逐渐增大，其他元素在各产卵群体间的差异性均不显著($P>0.05$)(图 6-8)。

**表 6-13　秘鲁外海茎柔鱼不同产卵群体耳石后核心区的微量元素**

| Me/Ca | 后核心区 | | | $P$ 值 |
|---|---|---|---|---|
| | 夏 | 秋 | 冬 | |
| Li/Ca/(μmol/mol) | 1.99±0.45 | 1.64±0.26 | 1.69±0.82 | >0.05 |
| Na/Ca/(mmol/mol) | 10.92±0.86 | 10.36±1.5 | 10.52±1.69 | >0.05 |
| Mg/Ca/(μmol/mol) | 199±37 | 194±36 | 188±51 | >0.05 |
| Mn/Ca/(μmol/mol) | 4.01±0.98 | 4.78±1.5 | 5.7±5.8 | >0.05 |
| Co/Ca/(μmol/mol) | 0.75±0.42 | 0.55±0.1 | 0.67±0.14 | >0.05 |

续表

| Me/Ca | 后核心区 | | | P 值 |
|---|---|---|---|---|
| | 夏 | 秋 | 冬 | |
| Ni/Ca/(μmol/mol) | 1.25±1.07 | 1.26±0.91 | 1.12±0.82 | >0.05 |
| Cu/Ca/(μmol/mol) | 0.24±0.25 | 0.4±0.31 | 0.46±0.74 | >0.05 |
| Ga/Ca/(μmol/mol) | 0.17±0.08 | 0.2±0.11 | 0.2±0.16 | >0.05 |
| Sr/Ca/(mmol/mol) | 16.55±0.86 | 16.28±1.19 | 15.88±0.86 | >0.05 |
| Ba/Ca/(μmol/mol) | 11.57±1.12 | 13.05±2.24 | 18.41±6.14 | <0.01 |
| Hg/Ca/(μmol/mol) | 0.27±0.25 | 0.25±0.12 | 0.14±0.24 | >0.05 |
| U/Ca/(μmol/mol) | 0.043±0.038 | 0.032±0.026 | 0.021±0.015 | >0.05 |

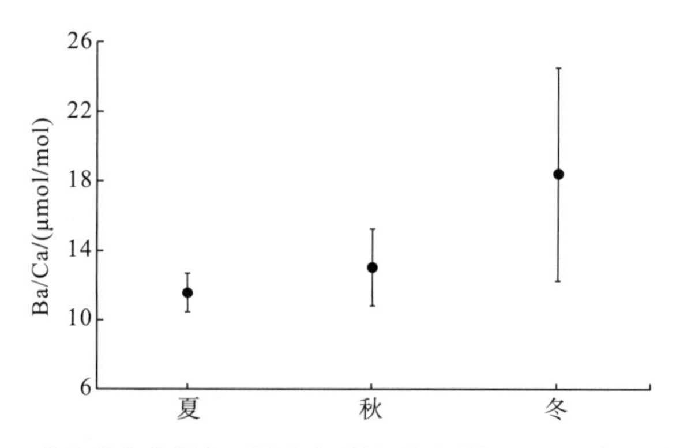


图 6-8 秘鲁外海茎柔鱼不同产卵群体耳石后核心区 Ba 与 Ca 的比值

3)判别分析

利用逐步判别分析对不同产卵群体进行划分，Wilks' λ 法对耳石核心区 12 种微量元素进行筛选，Sr/Ca 和 Ba/Ca 被选择用来对三个产卵群体进行划分，方差分析的结果显示，Ba/Ca 具有显著贡献($P<0.05$)，Sr/Ca 具有极显著贡献($P<0.01$)。采用这两种元素建立判别函数，具体公式如下：

夏季产卵群体：$Y=19.245\times Sr/Ca-1.245\times Ba/Ca-152.954$

秋季产卵群体：$Y=18.443\times Sr/Ca-0.848\times Ba/Ca-144.823$

冬季产卵群体：$Y=16.930\times Sr/Ca-0.060\times Ba/Ca-131.765$

将三个产卵群体的样本所挑选出的微量元素带入上述判别函数中，则该样本归入所得 $Y$ 值较大的函数为其所对应的产卵群体。从判别结果来看，夏季、秋季和冬季产卵群体的判别正确率分别为 80.0%、20.0%和 71.4%。交互验证的结果与初始判别结果类似，夏季、秋季和冬季产卵群体的判别正确率分别为 73.3%、10.0%和 71.4%(表 6-14)。

从典型判别分析的散点图可以发现，秋季产卵群体与夏、冬季产卵群体均具有一定程度的重叠(图 6-9)，这使得夏、秋季产卵群体的判别正确率较高，而秋季产卵群体的判别正确率很低(表 6-14)。

**表 6-14　基于耳石核心区微量元素的不同产卵群体判别分析结果**

| 逐步判别分析 | 产卵群体 | 产卵群体 | | | 总计 | 正确率/% |
|---|---|---|---|---|---|---|
| | | 夏 | 秋 | 冬 | | |
| 初始判别 | 夏 | 12 | 3 | 0 | 15 | 80.0 |
| | 秋 | 5 | 2 | 3 | 10 | 20.0 |
| | 冬 | 1 | 1 | 5 | 7 | 71.4 |
| 交互验证 | 夏 | 11 | 4 | 0 | 15 | 73.3 |
| | 秋 | 5 | 1 | 4 | 10 | 10.0 |
| | 冬 | 1 | 1 | 5 | 7 | 71.4 |

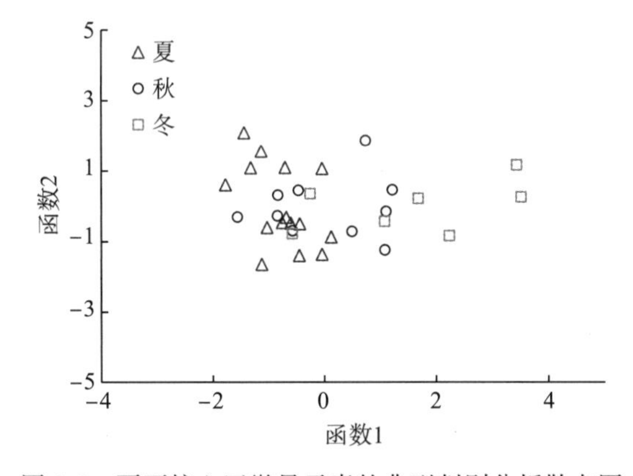


图 6-9　耳石核心区微量元素的典型判别分析散点图

利用逐步判别分析对不同产卵群体进行划分，Wilks' λ 法对耳石后核心区 12 种微量元素进行筛选，只有 Ba/Ca 被选择用来对三个产卵群体进行划分，方差分析的结果显示，Ba/Ca 具有极显著贡献($P<0.01$)。采用 Ba/Ca 建立判别函数，具体公式如下：

夏季产卵群体：$Y=1.159\times \text{Ba/Ca}-7.808$

秋季产卵群体：$Y=1.307\times \text{Ba/Ca}-9.628$

冬季产卵群体：$Y=1.845\times \text{Ba/Ca}-18.081$

将三个产卵群体的样本所挑选出的 Ba/Ca 代入上述判别函数中，则该样本归入所得 $Y$ 值较大的函数为其所对应的产卵群体。从判别结果来看，夏季、秋季和冬季产卵群体的判别正确率分别为 73.3%、50.0%和 42.9%。交互验证的结果与初始判别结果类似，夏季、秋季和冬季产卵群体的判别正确率分别为73.3%、40.0%和42.9%(表6-15)。

从主成分因子分布图可以发现，相对秋、冬季产卵群体，夏季产卵群体更为集中(图6-10)，而且与秋、冬季产卵群体的重叠较少，这使得夏季产卵群体的判别正确率较高(表6-15)。

**表6-15　基于耳石后核心区微量元素的不同产卵群体判别分析结果**

| 逐步判别分析 | 产卵群体 | 产卵群体 | | | 总计 | 正确率/% |
|---|---|---|---|---|---|---|
| | | 夏 | 秋 | 冬 | | |
| 初始判别 | 夏 | 11 | 4 | 0 | 15 | 73.3 |
| | 秋 | 4 | 5 | 1 | 10 | 50.0 |
| | 冬 | 0 | 4 | 3 | 7 | 42.9 |
| 交互验证 | 夏 | 11 | 4 | 0 | 15 | 73.3 |
| | 秋 | 5 | 4 | 1 | 10 | 40.0 |
| | 冬 | 0 | 4 | 3 | 7 | 42.9 |

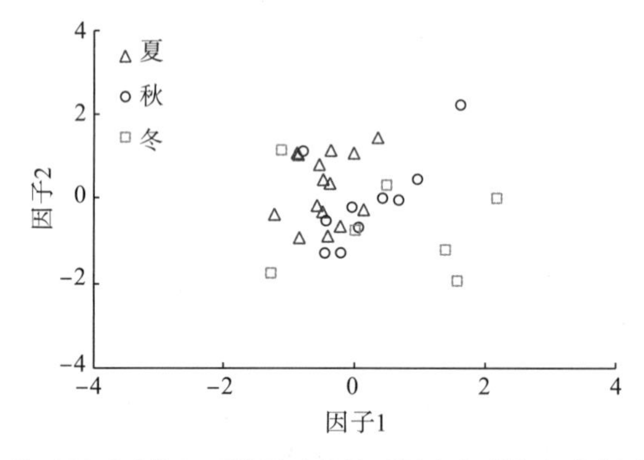


图6-10　基于耳石后核心区微量元素的不同产卵群体主成分因子分布图

2. 生长初期角质颚微量元素判别茎柔鱼种群结构

1)生长初期角质颚微量元素

在茎柔鱼角质颚刚孵化与仔鱼期12种微量元素中，Mg的含量最高(表6-16)，利用ANOVA法检验茎柔鱼角质颚刚孵化与仔鱼期微量元素的差异性，结果显示，Mg/Ca、Mn/Ca和Co/Ca在刚孵化与仔鱼期之间的差异性不显著($P>0.05$)，Pb/Ca和Ba/Ca在刚孵化与仔鱼期之间的差异性显著($P<0.05$)，其他元素在刚孵化与仔鱼期之间的差异性均极显著($P<0.01$)(表6-16)。

**表 6-16　茎柔鱼刚孵化和仔鱼期角质颚微量元素**

| Me/Ca | 刚孵化 | | 仔鱼期 | | P 值 |
|---|---|---|---|---|---|
| | 范围 | 均值±标准差 | 范围 | 均值±标准差 | |
| Pb/Ca/(μmol/mol) | 26.86～478.46 | 132.43±87.37 | 14.31～468.37 | 91.32±86.92 | <0.05 |
| Na/Ca | 0.084～1.083 | 0.317±0.217 | 0.04～0.604 | 0.195±0.123 | <0.01 |
| Mg/Ca | 0.388～0.916 | 0.64±0.101 | 0.29～0.906 | 0.614±0.173 | >0.05 |
| P/Ca | 0.028～1.459 | 0.343±0.293 | 0.018～0.548 | 0.097±0.116 | <0.01 |
| K/Ca | 0.122～1.367 | 0.472±0.311 | 0.045～0.923 | 0.306±0.226 | <0.01 |
| Mn/Ca/(mmol/mol) | 0～1.592 | 0.347±0.4 | 0～2.774 | 0.359±0.481 | >0.05 |
| Co/Ca/(μmol/mol) | 0～495.86 | 64.65±88.4 | 0～356.23 | 30.96±62.5 | >0.05 |
| Cu/Ca/(mmol/mol) | 9.2～67.25 | 25.08±10.15 | 8.69～51.04 | 19.47±7.39 | <0.01 |
| Zn/Ca/(mmol/mol) | 2.66～72.11 | 21.89±15.45 | 1.64～55.35 | 11±10.48 | <0.01 |
| Sr/Ca/(mmol/mol) | 10.75～16 | 13±1.23 | 10.26～13.83 | 12.17±0.83 | <0.01 |
| Ba/Ca/(μmol/mol) | 0～780.65 | 105.38±146.49 | 0～163.32 | 45.99±42.2 | <0.05 |
| U/Ca/(μmol/mol) | 35.2～595.02 | 164.04±124.76 | 20.69～321.47 | 88.59±70.1 | <0.01 |

2)不同产卵群体生长初期角质颚微量元素

ANOVA 分析结果显示，茎柔鱼刚孵化角质颚 Na/Ca 和 K/Ca 在不同产卵群体间的差异性显著($P<0.05$)，Pb/Ca、P/Ca 和 Zn/Ca 在不同产卵群体间的差异性极显著($P<0.01$)，其他元素在不同产卵群体间的差异性均不显著($P>0.05$)(表 6-17)。LSD 分析表明，茎柔鱼刚孵化角质颚 Pb/Ca 在秋季与春、夏、冬季产卵群体之间的差异性均显著($P<0.05$)，在其他产卵群体间差异性不显著($P>0.05$)；Na/Ca 和 P/Ca 在夏季与秋季、秋季与冬季产卵群体之间的差异性均显著($P<0.05$)，在其他产卵群体间差异不显著($P>0.05$)；K/Ca 在夏、秋季产卵群体间的差异性极显著($P<0.01$)，在其他产卵群体间差异不显著($P>0.05$)；Mn/Ca 在春、夏季产卵群体间的差异性显著($P<0.05$)，在其他产卵群体间差异不显著($P>0.05$)；Zn/Ca 和 U/Ca 在夏季与秋季、夏季与冬季产卵群体之间的差异性均显著($P<0.05$)，从变化趋势上看，从夏季到冬季，Pb/Ca、Na/Ca、P/Ca、K/Ca、Zn/Ca 和 U/Ca 均先增大后减小(图 6-11)。

**表 6-17 秘鲁外海茎柔鱼不同产卵群体刚孵化角质颚的微量元素**

| Me/Ca | 刚孵化 | | | | P 值 |
|---|---|---|---|---|---|
| | 春 | 夏 | 秋 | 冬 | |
| Pb/Ca/(μmol/mol) | 101.32±21.29 | 102.89±65.77 | 214.47±135.4 | 117.6±31.72 | <0.01 |
| Na/Ca | 0.342±0.128 | 0.187±0.08 | 0.48±0.316 | 0.289±0.196 | <0.05 |
| Mg/Ca | 0.602±0.075 | 0.673±0.069 | 0.609±0.074 | 0.669±0.157 | >0.05 |
| P/Ca | 0.384±0.253 | 0.173±0.13 | 0.591±0.416 | 0.261±0.143 | <0.01 |
| K/Ca | 0.509±0.201 | 0.272±0.177 | 0.647±0.433 | 0.504±0.297 | <0.05 |
| Mn/Ca/(mmol/mol) | 0.57±0.471 | 0.188±0.125 | 0.334±0.448 | 0.331±0.455 | >0.05 |
| Co/Ca/(μmol/mol) | 38.41±35.39 | 116.14±145.85 | 45.06±40.83 | 47.55±38.06 | >0.05 |
| Cu/Ca/(mmol/mol) | 30.41±16.13 | 24.34±4.78 | 21.22±8.97 | 24.5±7.56 | >0.05 |
| Zn/Ca/(mmol/mol) | 18.14±12.74 | 11.32±6.58 | 34.54±21.33 | 25.91±8.03 | <0.01 |
| Sr/Ca/(mmol/mol) | 12.53±1.32 | 13.08±0.87 | 13.35±1.57 | 13.01±1.22 | >0.05 |
| Ba/Ca/(μmol/mol) | 82.47±117.69 | 113.89±106.49 | 145.19±244.87 | 78.1±89.13 | >0.05 |
| U/Ca/(μmol/mol) | 152.59±99.85 | 88.93±39.41 | 227.13±137.65 | 204.22±164.11 | >0.05 |

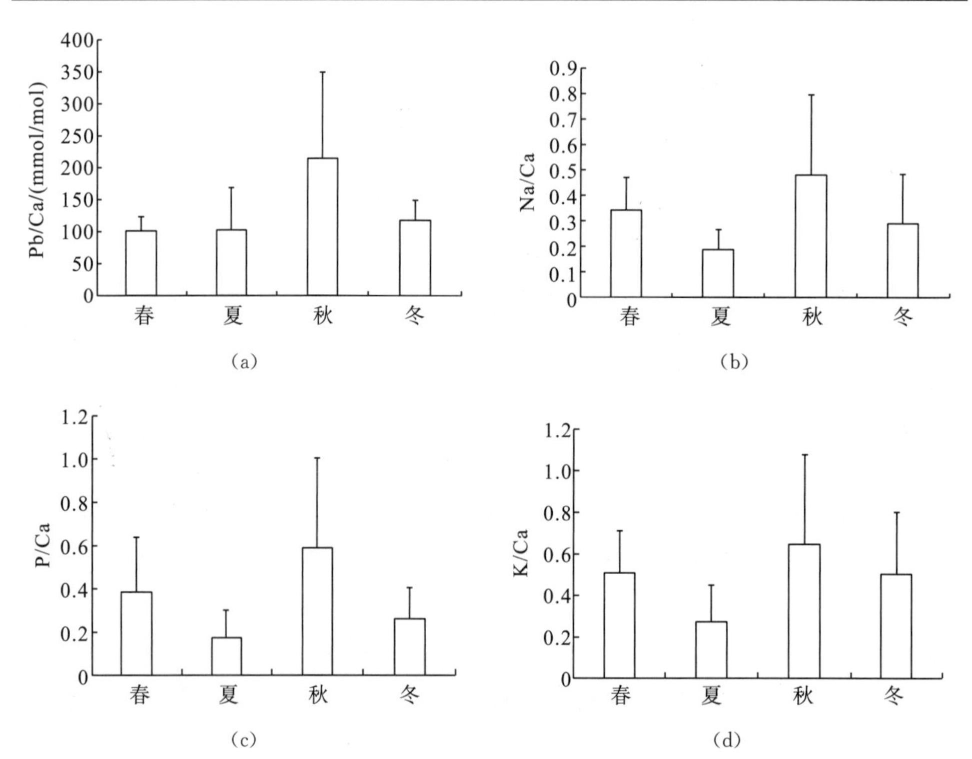

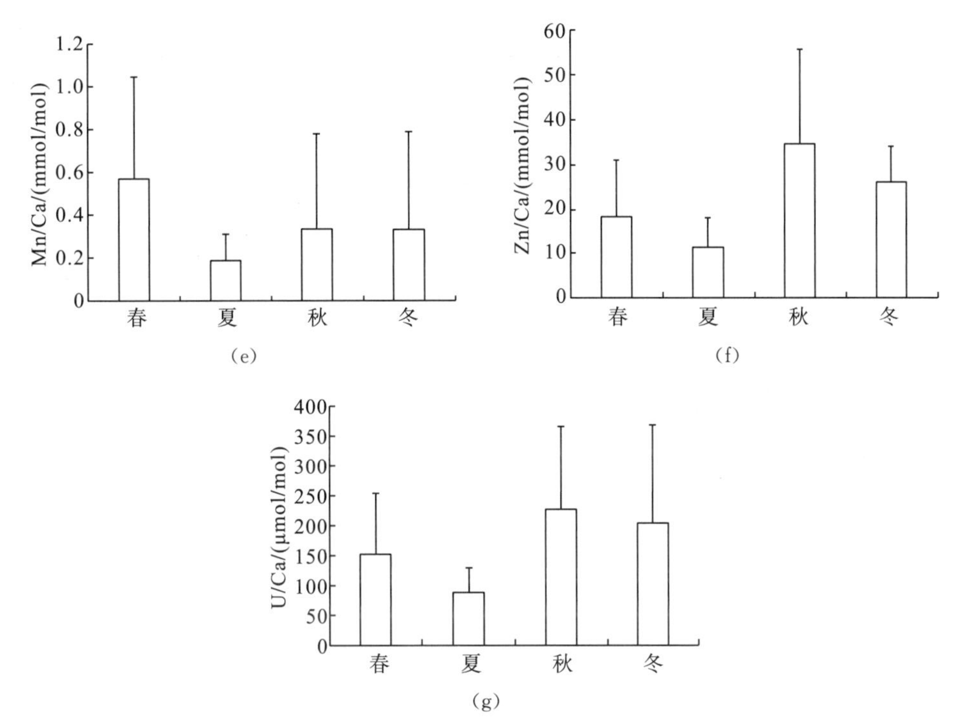


图 6-11　秘鲁外海茎柔鱼不同产卵群体刚孵化角质颚的微量元素

ANOVA 分析结果显示，茎柔鱼仔鱼期角质颚 Sr/Ca 在不同产卵群体间的差异性显著($P<0.05$)，Zn/Ca 在不同产卵群体间的差异性极显著($P<0.01$)，其他元素在不同产卵群体间的差异性均不显著($P>0.05$)(表 6-18)。LSD 分析表明，茎柔鱼秋季产卵群体仔鱼期角质颚 Pb/Ca 显著高于春、夏季产卵群体($P<0.05$)；夏季产卵群体 Mg/Ca 显著高于秋、冬季产卵群体($P<0.05$)；冬季产卵群体 K/Ca 显著高于夏、秋季产卵群体($P<0.05$)；秋季产卵群体 Zn/Ca 显著高于冬季产卵群体($P<0.05$)，极显著高于春、夏季产卵群体($P<0.01$)；夏季产卵群体 Sr/Ca 显著高于春、秋、冬季产卵群体；U/Ca 在夏、秋季产卵群体间的差异性显著($P<0.05$)，在其他产卵群体间差异不显著($P>0.05$)(图 6-12)。

**表 6-18　秘鲁外海茎柔鱼不同产卵群体仔鱼期角质颚的微量元素**

| Me/Ca | 仔鱼期 | | | | *P* 值 |
|---|---|---|---|---|---|
| | 春 | 夏 | 秋 | 冬 | |
| Pb/Ca/(μmol/mol) | 65.54±40.47 | 65.93±53.99 | 151.19±138.94 | 88.58±70.68 | >0.05 |
| Na/Ca | 0.173±0.085 | 0.142±0.076 | 0.236±0.157 | 0.237±0.148 | >0.05 |
| Mg/Ca | 0.626±0.143 | 0.72±0.166 | 0.55±0.173 | 0.543±0.167 | >0.05 |
| P/Ca | 0.058±0.033 | 0.076±0.052 | 0.124±0.082 | 0.134±0.206 | >0.05 |
| K/Ca | 0.246±0.135 | 0.197±0.146 | 0.344±0.243 | 0.444±0.286 | >0.05 |

续表

| Me/Ca | 仔鱼期 | | | | P 值 |
|---|---|---|---|---|---|
| | 春 | 夏 | 秋 | 冬 | |
| Mn/Ca/(mmol/mol) | 0.248±0.306 | 0.378±0.355 | 0.248±0.127 | 0.54±0.824 | >0.05 |
| Co/Ca/(μmol/mol) | 19.3±16.37 | 16.62±15.88 | 12.86±15.5 | 73.54±114.16 | >0.05 |
| Cu/Ca/(mmol/mol) | 18.9±5.1 | 16.98±5.32 | 19.83±5.53 | 22.4±11.46 | >0.05 |
| Zn/Ca/(mmol/mol) | 6.74±3.35 | 5.19±3.18 | 20.84±17.23 | 12.35±4.48 | <0.01 |
| Sr/Ca/(mmol/mol) | 11.87±0.76 | 12.76±0.73 | 12.01±0.94 | 11.95±0.67 | <0.05 |
| Ba/Ca/(μmol/mol) | 32.67±30 | 63.32±42.76 | 38.04±45.64 | 46.08±47.2 | >0.05 |
| U/Ca/(μmol/mol) | 94.99±92.41 | 55.56±29.54 | 126.01±91.56 | 85.49±44.15 | >0.05 |

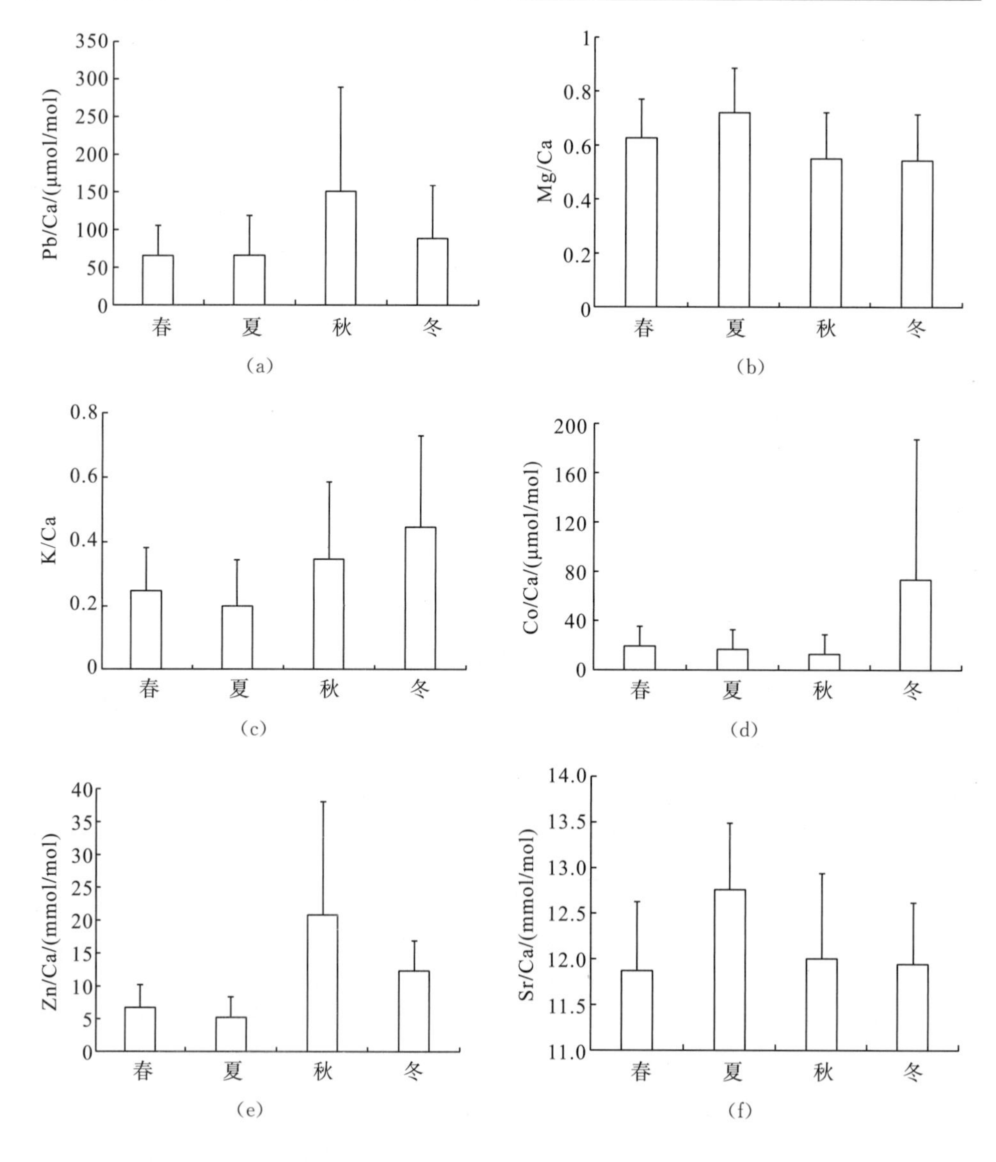

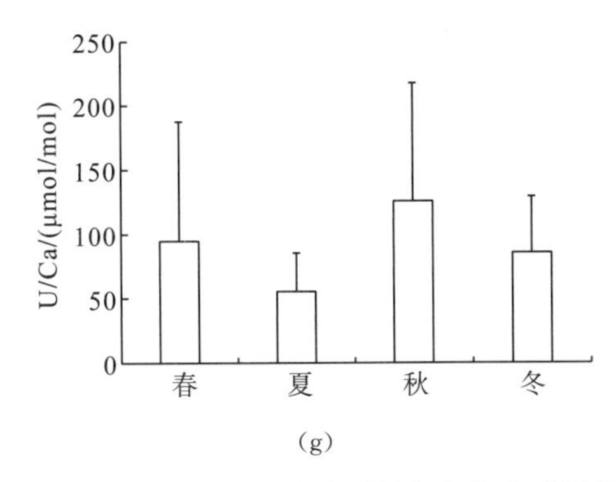


(g)

图 6-12　秘鲁外海茎柔鱼不同产卵群体仔鱼期角质颚的微量元素

3)判别分析

利用逐步判别分析对不同产卵群体进行划分，Wilks' λ 法对刚孵化角质颚 12 种微量元素进行筛选，只有 Zn/Ca 被选择用来对四个产卵群体进行划分，方差分析的结果显示，Zn/Ca 具有极显著贡献($P<0.01$)。采用 Zn/Ca 建立判别函数，具体公式如下：

春季产卵群体：$Y=0.105\times Zn/Ca-2.336$

夏季产卵群体：$Y=0.065\times Zn/Ca-1.756$

秋季产卵群体：$Y=0.199\times Zn/Ca-4.831$

冬季产卵群体：$Y=0.150\times Zn/Ca-3.324$

将三个产卵群体的样本所挑选出的 Zn/Ca 代入上述判别函数中，则该样本归入所得 $Y$ 值较大的函数为其所对应的产卵群体。从判别结果来看，春季、夏季、秋季和冬季产卵群体的判别正确率分别为 33.3%、72.7%、44.4%和 33.3%。交互验证的结果与初始判别结果相同(表 6-19)。从主成分因子分布图可以发现，相对春、秋、冬季产卵群体，夏季产卵群体更为集中(图 6-13)，这使得夏季产卵群体的判别正确率较高(表 6-19)。

**表 6-19　基于刚孵化角质颚微量元素的不同产卵群体判别分析结果**

| 逐步判别分析 | 产卵群体 | 产卵群体 | | | | 总计 | 正确率/% |
|---|---|---|---|---|---|---|---|
| | | 春 | 夏 | 秋 | 冬 | | |
| 初始判别 | 春 | 3 | 3 | 2 | 1 | 9 | 33.3 |
| | 夏 | 2 | 8 | 0 | 1 | 11 | 72.7 |
| | 秋 | 0 | 2 | 4 | 3 | 9 | 44.4 |
| | 冬 | 2 | 1 | 3 | 3 | 9 | 33.3 |

续表

| 逐步判别分析 | 产卵群体 | 产卵群体 | | | | 总计 | 正确率/% |
|---|---|---|---|---|---|---|---|
| | | 春 | 夏 | 秋 | 冬 | | |
| 交互验证 | 春 | 3 | 3 | 2 | 1 | 9 | 33.3 |
| | 夏 | 2 | 8 | 0 | 1 | 11 | 72.7 |
| | 秋 | 0 | 2 | 4 | 3 | 9 | 44.4 |
| | 冬 | 2 | 1 | 3 | 3 | 9 | 33.3 |

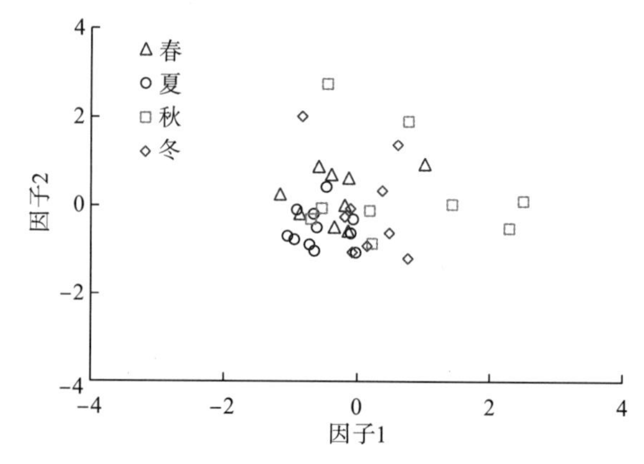


图 6-13 基于刚孵化角质颚微量元素的不同产卵群体主成分因子分布图

利用逐步判别分析对不同产卵群体进行划分，Wilks' λ 法对仔鱼期角质颚 12 种微量元素进行筛选，只有 Zn/Ca 被选择用来对四个产卵群体进行划分，方差分析的结果显示，Zn/Ca 具有极显著贡献($P<0.01$)。采用 Zn/Ca 建立判别函数，具体公式如下：

春季产卵群体：$Y=0.086\times Zn/Ca-1.676$

夏季产卵群体：$Y=0.066\times Zn/Ca-1.558$

秋季产卵群体：$Y=0.265\times Zn/Ca-4.152$

冬季产卵群体：$Y=0.157\times Zn/Ca-2.358$

将三个产卵群体的样本所挑选出的 Zn/Ca 代入上述判别函数中，则该样本归入所得 $Y$ 值较大的函数为其所对应的产卵群体。从判别结果来看，春季、夏季、秋季和冬季产卵群体的判别正确率分别为 44.4%、72.7%、55.6% 和 50.0%，交互验证的结果与初始判别结果相同(表 6-20)。从主成分因子分布图可以发现，四个产卵群体之间具有一定程度的重叠，相对春、秋、冬季产卵群体，夏季产卵群体更为集中(图 6-14)，这使得夏季产卵群体的判别正确率较高(表 6-20)。

表 6-20　基于仔鱼期角质颚微量元素的不同产卵群体判别分析结果

| 逐步判别分析 | 产卵群体 | 产卵群体 | | | | 总计 | 正确率/% |
|---|---|---|---|---|---|---|---|
| | | 春 | 夏 | 秋 | 冬 | | |
| 初始判别 | 春 | 4 | 4 | 0 | 1 | 9 | 44.4 |
| | 夏 | 1 | 8 | 0 | 2 | 11 | 72.7 |
| | 秋 | 3 | 1 | 5 | 0 | 9 | 55.6 |
| | 冬 | 3 | 0 | 2 | 5 | 10 | 50.0 |
| 交互验证 | 春 | 4 | 4 | 0 | 1 | 9 | 44.4 |
| | 夏 | 1 | 8 | 0 | 2 | 11 | 72.7 |
| | 秋 | 3 | 1 | 5 | 0 | 9 | 55.6 |
| | 冬 | 3 | 0 | 2 | 5 | 10 | 50.0 |

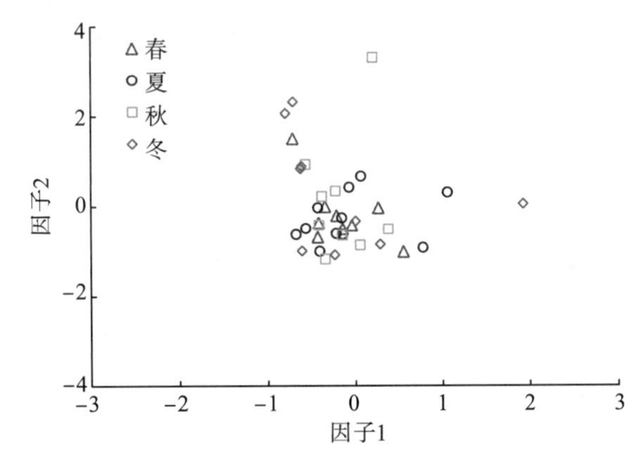


图 6-14　基于仔鱼期角质颚微量元素的不同产卵群体主成分因子分布图

# 6.3　讨论与分析

## 6.3.1　角质颚微量元素沉积及其与耳石同步性分析

头足类耳石主要由文石晶体组成，这些晶体呈六棱柱形，棱柱末端尖(Dilly，1976)。耳石位于头足类头部的平衡囊中，耳石晶体的形成受平衡囊内淋巴液生化组成的影响。在夜间，头足类捕食活动加强，细胞对 Ca 的吸收增加，文石晶体沉积加快；到黎明时分，细胞对蛋白质的吸收加强，$CaCO_3$的沉积受到抑制(Bettencourt and Guerra，2000)。因此，在夜间主要是$CaCO_3$的沉积，而形成明纹；在白天主要是有机物的沉积，而形成暗纹(Bettencourt and Guerra，2000)。

角质颚主要由几丁质和蛋白质组成，几丁质占干重的15%～20%，蛋白质占干重的40%～45%，剩余干重的35%～40%为未知成分(Miserez et al.，2007)，与耳石相似的是，角质颚喙部矢状切面同样具有明暗交替的生长纹(Perales-Raya et al.，2010)，因此物质在角质颚上的沉积也贯穿于生物体的整个生命周期。Miserez等(2007)利用扫描电镜观察角质颚的结构，发现角质颚主要由大量的厚2～3μm的薄片组织构成，这些薄片与角质颚的内外表面相交，但与长轴平行。此外，在内外表面之间还存在着断裂面，此断裂面同样由很多分层的薄片组织构成，这种分层结构可能增强裂纹扩散的抵抗力并使其具有更强的韧性。Dilly和Nixon(1976)研究发现，角质颚是由三种细胞分泌所形成的，这三种细胞分别为长纤维细胞、内质网和致密小颗粒以及混合纤维细胞和分泌组织，它们的功能不同，在不同部位和不同生长时期的比例也不同。

在本书研究中，耳石和角质颚中的7种元素被测定，并对耳石微量元素与角质颚微量元素进行了相关性分析，发现除Na/Ca和Ba/Ca外，其他元素在耳石和角质颚间的相关性均不显著($P>0.05$)。耳石和角质颚的组成成分、结构以及形成机理不同，可能导致微量元素的沉积也具有差异性，并不是完全同步的。

### 6.3.2 不同生活史时期耳石微量元素

在本书研究中，耳石中Mg/Ca和Mn/Ca的变化趋势一致，即从耳石核心区至边缘，Mg/Ca和Mn/Ca逐渐减小。Mg元素被认为在头足类耳石生物矿化过程中具有重要的作用(Morris，1991)，其含量与耳石中有机物的沉积有关，随着个体的增大，耳石中有机物的比例减小(Bettencourt and Guerra，2000)，从而耳石中Mg的含量也逐渐减小。Arkhipkin等(2004)研究认为，巴塔哥尼亚枪乌贼耳石中Mg/Ca和Mn/Ca同样有着相似的变化趋势，未成熟个体耳石中含有相当高的Mg和Mn，从成熟期到已成熟期逐渐减少。Zumholz等(2007)分析了鳙乌贼耳石中的微量元素，发现从耳石核心至边缘Mg/Ca逐渐减小，并认为这可能反映出耳石的生长率。

在耳石中，Sr是除Ca之外含量最高的元素，是头足类耳石沉积的关键元素(Lipinski，1993)。一些学者研究认为，Sr/Ca与温度呈负相关关系(Zacherl et al.，2003)。然而，Zumholz等(2007)在不同温度环境下养殖乌贼，发现耳石中Sr/Ca与温度无明显关系。在本书研究中，仔鱼期和稚鱼期耳石中Sr/Ca较高，从仔鱼期至亚成鱼期耳石中Sr/Ca逐渐减小，从亚成鱼期至成鱼期Sr/Ca增大，然而茎柔鱼仔稚鱼栖息在温度较高的表层水域，亚成鱼和成鱼则迁移到温度较低的深水区(Nigmatullin et al.，2001)，因此认为耳石中Sr的含量可能受多种因子

(生物因子和非生物因子)的影响。

在海洋中，Ba 的浓度随水深的增加而增大(Chan et al.，1977)，因此头足类耳石和珊瑚中 Ba 元素被认为是上升流的指标元素(Lea et al.，1989)。Zacherl 等(2003)研究认为，耳石中 Ba/Ca 与海水中的 Ba/Ca 呈正相关关系，与温度呈负相关关系。Zumholz 等(2007)研究发现，乌贼耳石中 Ba/Ca 与温度呈负相关关系，与盐度无明显关系。从耳石后核心区至边缘，Ba/Ca 逐渐增大，反映了随着个体的生长，茎柔鱼向更深、更寒冷的水域迁移。

### 6.3.3　不同生活史时期角质颚微量元素

Ichihashi 等(2001)利用 HR-ICP-MS 法对鸢乌贼组织的 21 个微量元素进行分析，发现在硬组织中，角质颚中的钒和铀积聚较多。Rodríguez-Navarro 等(2006)分析了大王乌贼角质颚的微量元素，认为随着大王乌贼向更深的水域迁移，P 和 Se 的含量逐渐减少。在本书研究中，茎柔鱼角质颚不含有 Se，从亚成鱼期至成鱼期，角质颚 P/Ca 减小，这正反映了茎柔鱼向更深的水层迁移，同时 Ba/Ca 与 P/Ca 的变化趋势一致。从刚孵化至亚成鱼期，Mg/Ca 逐渐减小，这与耳石中 Mg/Ca 的变化趋势相一致，而且随着个体的生长，角质颚中 Zn/Ca 也呈逐渐减小的趋势。从刚孵化至成鱼期，Mn/Ca 逐渐增大，这与耳石中 Mn/Ca 的变化趋势恰恰相反，而且从仔鱼期至成鱼期，耳石与角质颚 Sr/Ca 的变化趋势也是相反的，这可能是微量元素在不同硬组织中沉积的机理不同所致。

### 6.3.4　生长初期耳石微量元素判别茎柔鱼种群结构

茎柔鱼耳石核心区与后核心区的 12 种微量元素中，Na/Ca 和 Cu/Ca 在核心区与后核心区之间的差异性显著($P<0.05$)，Mg/Ca 在核心区与后核心区之间的差异性极显著($P<0.01$)，其他元素在核心区与后核心区之间的差异性均不显著($P>0.05$)。Liu 等(2015)同样发现，耳石核心和后核心 Na/Ca、Mg/Ca 和 Cu/Ca 差异显著，其中 Mg/Ca 被许多学者认为反映生长速率，核心到边缘逐渐减小(Zumholz et al.，2007)。Liu 等(2011)认为，Na/Ca 从仔鱼到成鱼逐渐减小，不同产卵群体差异不显著，不能用于鉴别不同产卵群体。

样本均采集于秘鲁外海，从判别分析的结果来看，在利用耳石核心区微量元素进行判别分析时，秋季产卵群体的判别正确率很低，然而夏、冬季产卵群体的判别正确率较高，可能是秋季与夏季、秋季与冬季的温度差异不大，以及样本量较少所导致，但可以说明的是，耳石核心区 Sr/Ca 和 Ba/Ca 对夏季和冬季的产卵群体进行了较好的判别。

耳石后核心区 Sr/Ca 在各产卵群体间的差异性均不显著($P>0.05$)，而且没有被选择用于群体间的判别，然而核心区 Sr/Ca 在夏、冬季产卵群体间差异显著($P<0.05$)，并被选择用于群体间的判别。由此可以看出，胚胎期耳石中 Sr/Ca 可能主要来自母系的影响，受外界环境的影响较小(Warner et al.，2009)。Yatsu 等(1998)也认为在胚胎期时幼体的营养物质主要来源于卵黄囊，并没有与海水直接接触，因此头足类胚胎期耳石 Sr/Ca 的变化可能与其他生长阶段不同。Bustamante 等(2002)研究了 Cd 和 Zn 在乌贼不同生长阶段的积聚，发现胚胎外层的保护膜会阻碍海水中的金属离子进入胚胎内。

耳石核心和后核心区 Ba/Ca 均被选择用于群体的判别，而且夏、秋产卵群体差异均极显著。从变化趋势也可以看出，从夏季到冬季含量逐渐增大，这也证实了 Ba/Ca 与温度呈负相关关系(Zacherl et al.，2003)。可以看出，胚胎期 Ba/Ca 元素可能不仅仅来源于卵黄，外界温度可能对 Ba/Ca 的吸收具有较大的影响。尽管前人研究认为，Sr/Ca 和 Ba/Ca 都是温度的指示元素，与温度呈负相关关系(Zacherl et al.，2003)。然而，本书研究认为与 Sr/Ca 相比，Ba/Ca 可能会更好地反应温度的变化。因此，耳石中 Ba/Ca 可以用来研究厄尔尼诺和拉尼娜等气候变化事件，尽管前人研究认为，厄尔尼诺事件对 Sr/Ca 在耳石中沉积的影响不大(Ikeda et al.，2002)，后续应针对耳石中各元素进行更加深入的研究。在以往的研究中，一些学者用生长初期耳石微量元素来研究不同地理群体的差异(Warner et al.，2009)，然而，本书认为在进行地理群体的差异性研究时，应考虑不同产卵季节对耳石早期微量元素的影响。

通过分析不同产卵群体耳石核心区和后核心区的微量元素，并对茎柔鱼不同产卵群体生长初期耳石微量元素的差异性进行了分析，认为核心区和后核心区耳石微量元素可以对茎柔鱼不同产卵群体进行判别。此外，耳石微量元素不仅可以用于研究头足类的栖息环境和生活史，还应更多地用于海洋污染、厄尔尼诺事件以及海洋酸化等研究。

### 6.3.5 生长初期角质颚微量元素判别茎柔鱼种群结构

从春季到冬季，茎柔鱼刚孵化角质颚中 Na/Ca、P/Ca、K/Ca、Zn/Ca 和 U/Ca 均呈先减小后增加又减小的趋势，由于目前对角质颚微量元素的研究仍比较少，此规律性变化的原因还不明确。生长初期耳石中的 Sr/Ca 和 Ba/Ca 被选择用于判别茎柔鱼不同产卵群体，然而在试图利用生长初期角质颚微量元素判别茎柔鱼不同产卵群体时，发现仅 Zn/Ca 被选择用来对四个产卵群体进行划分，仔鱼期角质颚元素的判别正确率(55.7%)大于刚孵化角质颚元素的判别正确率(45.9%)。刚孵化角质颚 Sr/Ca 和 Ba/Ca 在各产卵群体间的差异性均不显著($P>0.05$)，仔鱼期角质颚 Sr/Ca 在各产卵群体间的差异性显著($P<0.05$)，Ba/Ca 在各产卵群体间的差异性均不显著($P>0.05$)。因此，研究认为耳石和角质颚微量元素的沉积存在较大差异。

ANOVA 分析结果显示，刚孵化和仔鱼期角质颚 Zn/Ca 在各产卵群体间的差异性均极显著($P<0.05$)，而且 Zn/Ca 被选择用于群体间的判别，具有较高的判别正确率，然而角质颚中 Zn 元素沉积变化的影响因素仍不明确。温度可能是影响 Zn 沉积的重要因素，在今后研究中应更多的关注角质颚中 Zn 元素的沉积。目前，角质颚微量元素的研究还比较少，应结合标记重捕、实验室饲养等多种方法来研究角质颚微量元素的沉积。

## 6.4　小　　结

利用 LA-ICP-MS 法分析了不同生长阶段茎柔鱼耳石和角质颚微量元素的组成，并对耳石和角质颚微量元素进行了相关性分析。研究发现，除 Na/Ca 和 Ba/Ca 外，其他元素在耳石和角质颚间的相关性均不显著($P>0.05$)，这可能是由于耳石和角质颚的组成成分、结构以及形成机理不同。

通过比较不同生活史时期耳石和角质颚微量元素的变化，认为从耳石核心至边缘 Mg/Ca 逐渐减小，这可能反映了耳石的生长率；耳石中 Sr 的含量可能受多种因子的影响，从耳石后核心区至边缘，Ba/Ca 逐渐增大，反映了随着个体的生长，茎柔鱼向更深、更寒冷的水域迁移。从亚成鱼期至成鱼期，角质颚 P/Ca 减小，这可能反映了茎柔鱼向更深的水层迁移，耳石与角质颚 Sr/Ca 的变化趋势相反，这可能是微量元素在不同硬组织中沉积的机理的不同所致。

通过分析不同产卵群体早期耳石和角质颚微量元素的差异，并分别利用茎柔鱼生长初期耳石和角质颚的微量元素判别不同产卵群体。研究认为，早期耳石 Sr/Ca 和 Ba/Ca 可以用于不同产卵群体的判别，胚胎期耳石中 Sr/Ca 可能主要来自母系的影响，受外界环境的影响较小，Ba/Ca 与温度呈负相关关系，胚胎期 Ba/Ca 元素可能不仅仅来源于卵黄，外界温度可能对 Ba/Ca 的吸收具有较大的影响，与 Sr/Ca 相比，Ba/Ca 可能会更好地反映温度的变化。生长初期角质颚 Zn/Ca 在各产卵群体间的差异性均极显著，而且 Zn/Ca 被选择用于群体间的判别，具有较高的判别正确率，温度可能是影响 Zn 沉积的重要因素。

# 第7章 茎柔鱼内壳结构及其生长的研究

头足类具有特殊的硬组织结构(耳石、角质颚和内壳)，通过形态计量学分析(morphometric analysis)方法获取硬组织结构形态学特征可用于头足类种群鉴别、估算资源量等。目前该方法主要选取头足类耳石和角质颚作为研究对象(刘必林和陈新军，2009)，对内壳的研究相对较少。而相对于耳石和角质颚，内壳更易提取，且便于研磨或可直接在解剖镜下观察。头足类不同种群的内壳形态分化很大，除鹦鹉螺、旋壳乌贼等种类以外，绝大多数头足类种类的内壳已为外套膜完全包围。内壳具有稳定的形态特征，Schroeder 和 Perez(2010)通过对比滑柔鱼(*I. illecebrosus*)不同产卵群体内壳表面的生长纹，发现冬季产卵群体幼体可能生活于巴塔哥尼亚大陆架(Patagonian shelf)海域。Perez 等(1996)、王晓华(2012)分别对滑柔鱼和金乌贼(*Sepia esculenta*)的内壳研究后发现，其长度与胴长都具有显著相关关系($R^2>0.90$)，认为内壳可用于研究头足类的生长规律。

茎柔鱼内壳具有稳定的角质结构，形态学特征明显，其生长贯穿整个生活史过程，是生活史信息的良好载体。了解茎柔鱼内壳外形变化特点和其与个体生长的关系，可为利用其进行渔业生物学和生态学研究提供数据基础，从而更合理的开发和利用该资源。本章通过测量秘鲁外海茎柔鱼内壳的形态学参数，结合胴长与体重数据，分析其与茎柔鱼个体生长的关系，对比内壳不同结构的生长特点，并探讨造成其结构间生长差异的原因。

## 7.1 材料与方法

### 7.1.1 采样时间和海区

茎柔鱼样本取自2009年9～10月和2013年8～9月，对应的生产海域分别为82°01′～84°29W、10°21′～11°17′S，81°00′～81°49′W、10°54′～13°25′S(图7-1)。样品经冷冻保存运回实验室。

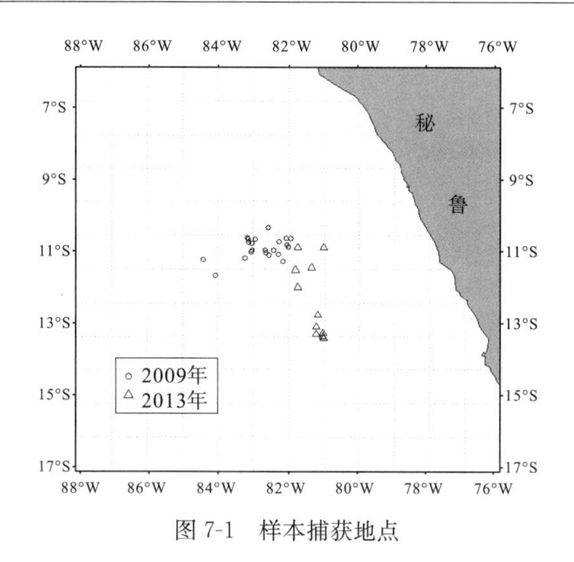


图7-1 样本捕获地点

## 7.1.2 生物学测定

样本解冻后进行生物学测定，包括胴长(mantle length，ML)、体重(body mass，BM)、性别、性腺成熟度、胃级等。胴长测定精确至0.1cm，体重精确至0.1g。依据茎柔鱼性腺成熟度(陈新军，2004)将其划分为Ⅰ、Ⅱ、Ⅲ、Ⅳ、Ⅴ等5期，并对茎柔鱼胃食等级划分为4个等级。解剖后取出内壳。使用超声波清洗器对内壳清洗10min，以便清除内壳表面残留的有机物质。

根据内壳的形态学特征，将采集的内壳样本测量如下度量单位(图7-2)，内壳长(gladius length，GL)、尾锥长(cones length，CL)、尾锥宽(greatest width of cones，GWC)、叶轴长(proostracum length，PL)、翼长(vanes length，VL)、翼部最大宽度(greatest width of vane，GWV)、叶轴最大宽处长(the length of greatest width of proostracum，GWPL)、叶轴最大宽度(greatest width of proostracum，GWP)测定精确至0.1cm。

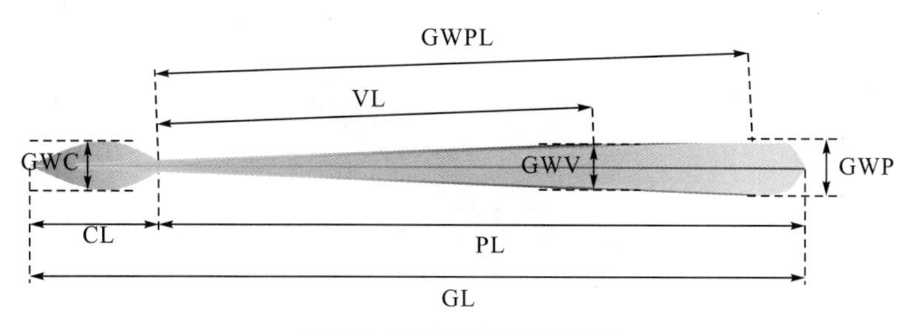


图7-2 茎柔鱼内壳示意图

### 7.1.3 数据统计

对内壳 GL、CL 和 PL 与胴长和体重进行了线性回归分析，以分析内壳各形态学参数与个体生长的关系。采用协方差检验雌、雄和不同年份生物学参数和内壳各形态学参数是否存在差异。对比了 CL 与 PL、VL 与 PL 和 GWC、GWV 与 GWP 之间关系，以分析内壳不同结构间的相互关系。

## 7.2 结果与分析

### 7.2.1 生物学参数分析

研究所选取的茎柔鱼胴长为 20.9～48.2cm，体重为 268.0～3657.4g。茎柔鱼日龄由耳石切片读取获得。并由耳石日龄推算出其孵化日期从而判断茎柔鱼均来自夏秋生群。茎柔鱼具体的基础生物学数据见表 7-1。

**表 7-1 茎柔鱼基础生物学参数**

| 年份 | 样本量 | 体重/g | | | 胴长/cm | | | 性腺成熟度 | 胃饱满度 |
|---|---|---|---|---|---|---|---|---|---|
| | | 平均值 | 最大值 | 最小值 | 平均值 | 最大值 | 最小值 | | |
| 2009 | 116 | 1351.3 | 3657.4 | 306.6 | 34.6 | 48.2 | 22.0 | Ⅰ～Ⅴ | 0～4 |
| 2013 | 149 | 527.8 | 1601.0 | 268.0 | 26.5 | 39.6 | 20.9 | Ⅰ～Ⅴ | 0～4 |

ANCOVA 检验结果显示，雌、雄个体的体重与胴长关系以及年间的相互关系均无显著差异($P>0.05$)。为此将 2009 年和 2013 年数据合并拟合，其关系式(图 7-3)为

$$BM = 9\times10^{-6}ML^{3.207} \quad (R^2 = 0.9769, P < 0.001)$$

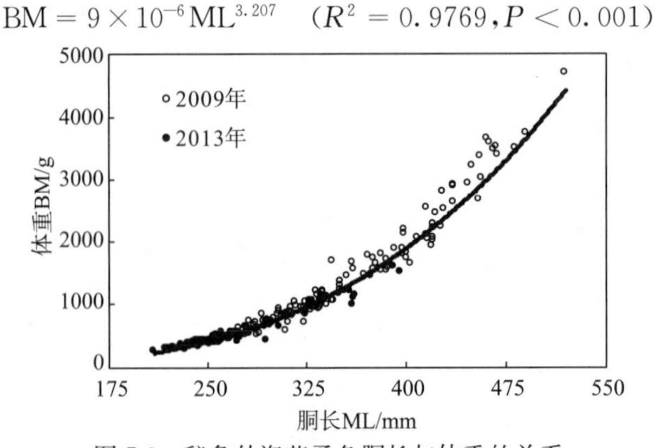


图 7-3 秘鲁外海茎柔鱼胴长与体重的关系

### 7.2.2　内壳结构及其生长

茎柔鱼内壳角质结构具有稳定的形态特征，其生长发育具有不可逆性，因此通过对其形态学特征点的测量和分析，可帮助了解其结构和生长。内壳具体的形态学数据见表 7-2，表中各形态学参数样本量差异是由于部分结构损坏无法测量造成的。

**表 7-2　茎柔鱼内壳形态学参数**

| 年份 | 参数 | 样本量 | 最大值/cm | 最小值/cm | 平均值/cm | 标准偏差 |
| --- | --- | --- | --- | --- | --- | --- |
| 2009 | GL | 107 | 44.8 | 21.2 | 31.9 | 6.0 |
| | CL | 107 | 9.0 | 4.0 | 6.3 | 1.2 |
| | GWC | 61 | 1.5 | 0.7 | 1.0 | 0.2 |
| | PL | 115 | 35.8 | 17.2 | 25.7 | 4.7 |
| | VL | 115 | 27.3 | 13.3 | 19.6 | 3.6 |
| | GWV | 115 | 1.4 | 0.9 | 2 | 0.3 |
| | GWPL | 115 | 24.2 | 16.4 | 33.7 | 4.4 |
| | GWP | 115 | 1.7 | 1.0 | 2.5 | 0.4 |
| 2013 | GL | 138 | 38.6 | 21.0 | 25.9 | 3.3 |
| | CL | 146 | 8.5 | 2.7 | 5.1 | 1.0 |
| | GWC | 144 | 1.3 | 0.5 | 0.9 | 0.1 |
| | PL | 138 | 30.1 | 17.2 | 20.8 | 2.5 |
| | VL | 147 | 22.5 | 12.4 | 15.8 | 1.9 |
| | GWV | 147 | 1.9 | 0.8 | 1.1 | 0.2 |
| | GWPL | 138 | 28.7 | 14.2 | 19.6 | 2.5 |
| | GWP | 138 | 2.2 | 1.0 | 1.4 | 0.2 |

本书研究中 2009 年茎柔鱼内壳长度分别为 21.2～44.8cm，2013 年茎柔鱼内壳长度为 21.0～38.6cm。分析发现，不同年份的雌、雄个体内壳长度与胴长和体重均有显著的线性关系($P<0.05$)。协方差检验后发现雌、雄个体的内壳长度与胴长和体重以及年间的相互关系均无显著差异($P>0.05$)。因此将两个年份的数据合并后拟合出茎柔鱼内壳长度与胴长和体重的关系式(图 7-4)：

$$\mathrm{ML}=1.0384\times\mathrm{GL}+0.3029\quad(R^2=0.9065, n=245)$$

$$\mathrm{BM}=0.016\times\mathrm{GL}^{3.2097}\quad(R^2=0.8961, n=245)$$

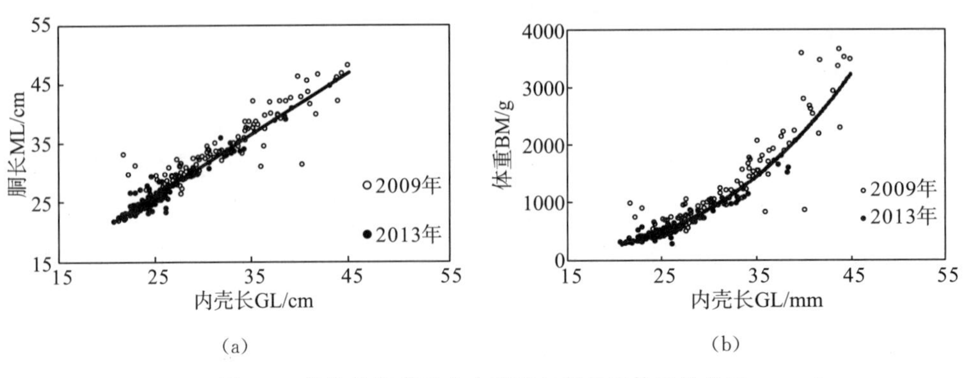


图 7-4　秘鲁外海茎柔鱼内壳长与胴长和体重的关系

内壳尾锥长、叶轴长和翼长的变化分别为 2.7～9.0cm、17.2～35.8cm、12.4～27.3cm(表 7-2)。分析发现相同年份雌、雄个体内壳尾锥长与胴长和体重的相关关系均无显著差异(2009 年：$F=0.022$，$P=0.883>0.05$；2013 年：$F=3.309$，$P=0.072>0.05$)，不同年份的内壳尾锥长与胴长的呈线性关系且无显著差异($F=1.564$，$P=0.213>0.05$，图 7-5)，内壳尾锥长与体重的相关呈指数关系，但不同年份有显著差异($F=0.415$，$P<0.05$，图 7-5)。

$$\mathrm{ML}=4.4372\times\mathrm{CL}+4.9559\quad(R^2=0.8412, n=253)$$

$$2009\text{年}:\mathrm{BM}=78.202e^{0.4223\times\mathrm{CL}}\quad(R^2=0.8357, n=107)$$

$$2013\text{年}:\mathrm{BM}=87.825e^{0.3397\times\mathrm{CL}}\quad(R^2=0.8055, n=146)$$

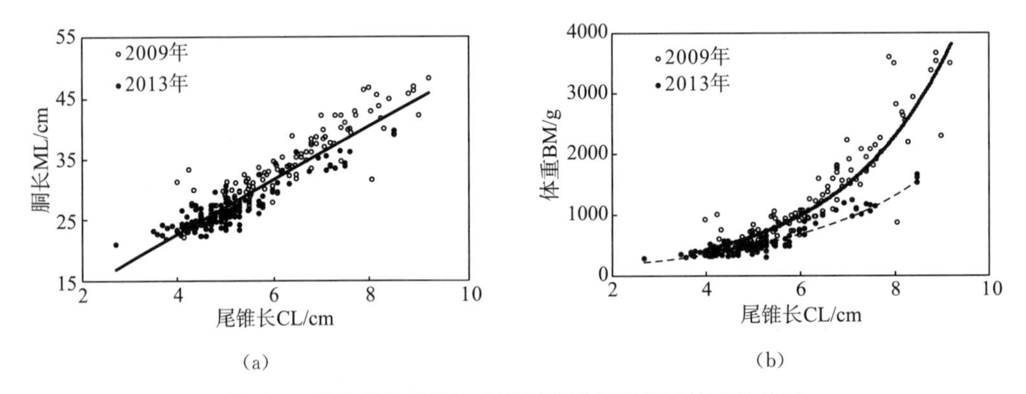


图 7-5　秘鲁外海茎柔鱼内壳尾锥长与胴长和体重的关系

内壳叶轴长与胴长呈线性关系($P<0.05$，图 7-6)，且无雌雄和年份差异($P>0.05$)。而内壳叶轴长与体重呈幂函数关系($P<0.05$，图 7-6)，无雌雄和年份差异($P>0.05$)。

$$\mathrm{ML}=1.3062\times\mathrm{PL}+0.1877\quad(R^2=0.8585, n=254)$$

$$\mathrm{BM}=0.029\times\mathrm{PL}^{3.2483}\quad(R^2=0.8579, n=254)$$

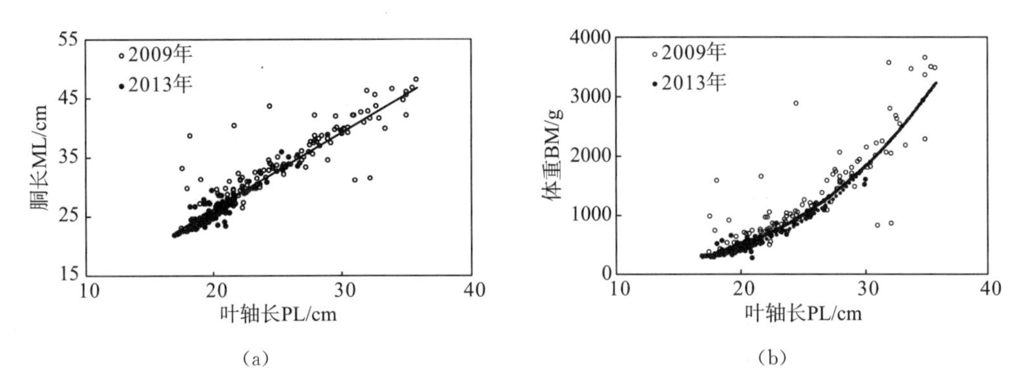


图 7-6　秘鲁外海茎柔鱼内壳叶轴长与胴长和体重的关系

ANCOVA 检验结果显示，雌、雄个体的叶轴长与尾锥长关系以及年间的相互关系均无显著差异($P>0.05$)，且两者呈正相关关系($P<0.01$，图 7-7)，其关系式如下

$$CL = 0.2678 \times PL - 0.5086 \quad (R^2 = 0.8919, n = 245)$$

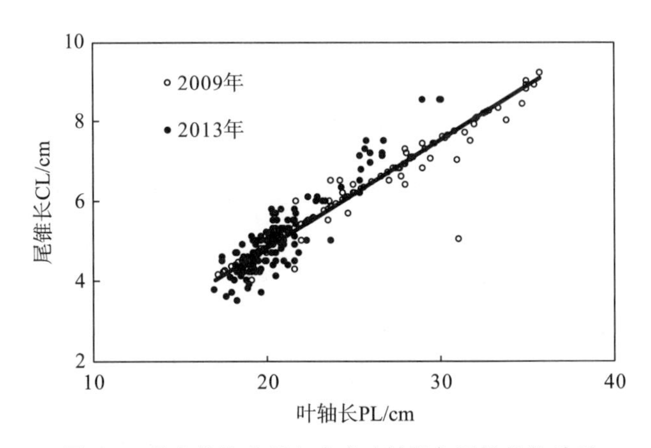


图 7-7　秘鲁外海茎柔鱼内壳叶轴长与尾锥长的关系

将叶轴长和尾锥长数据均除以胴长做标准化处理，分析发现，标准化后的数据具有显著的正相关关系($R^2=0.50$，$P<0.05$)，且斜率小于 1，推测内壳叶轴的生长速率高于其尾锥，但两者生长速率间又具有相对稳定的比率。

从内壳的示意图[图 7-8(a)]可以看出，其叶轴除去末端的突出结构，剩余的部分类似一个从尾锥末端向内壳近端延伸的等腰三角形[图 7-8(a)中虚线部分]。对比 VL 与 GWPL 的关系后发现，雌、雄个体的叶轴长与尾锥长关系以及年间的相互关系均无显著差异($P>0.05$)，且两者呈正相关关系[$P<0.01$，图 7-8(b)]。

$$GWPL = 1.2021 \times PL + 0.6666 \quad (R^2 = 0.9689, n = 254)$$

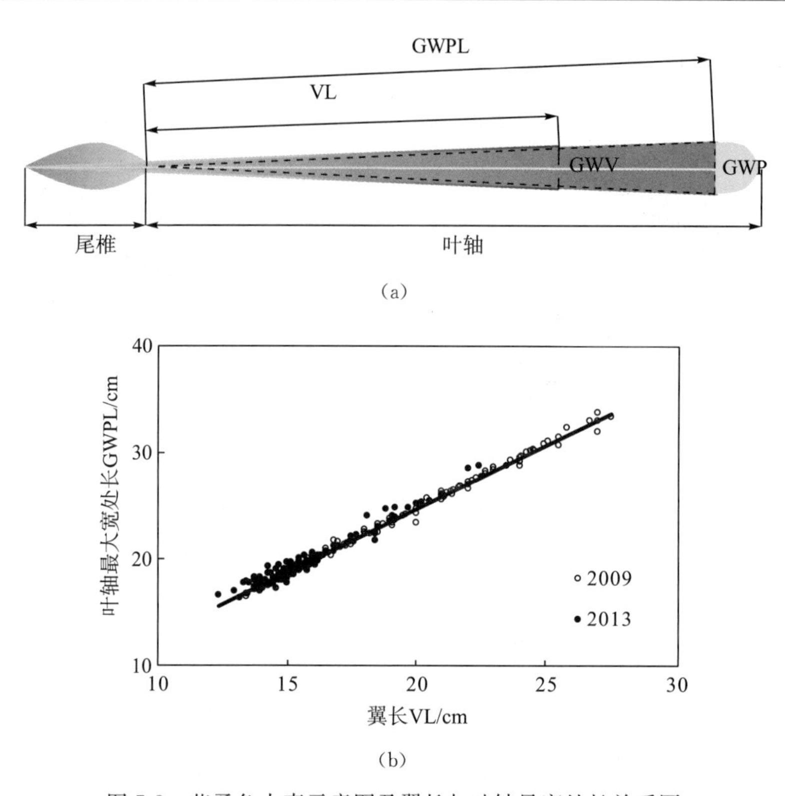


图 7-8　茎柔鱼内壳示意图及翼长与叶轴最宽处长关系图

将翼长和叶轴最宽处长数据均除以胴长做标准化处理，分析发现标准化后的数据具有显著的正相关关系($R^2=0.94$，$P<0.05$)，且斜率接近 1，表明这两个部分可能有匀速生长的现象。对比不同年份雌雄个体的 VL 与 GWPL 的比值后发现，两者具有相近的比值(图 7-9)，约为 0.8，且在本研究所选取的个体范围内该比值与胴长和体重均无线性相关关系($P>0.05$)。

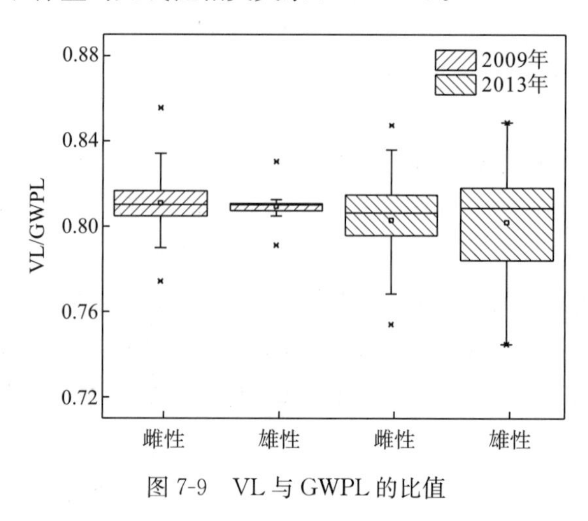


图 7-9　VL 与 GWPL 的比值

# 7.3　讨论与分析

现生头足纲主要是鹦鹉螺和鞘亚纲两类，除鹦鹉螺外其他头足类种类均具有内壳(gladius)这一特殊硬组织结构。内壳按其组成成分不同可分为角质、石灰质和软骨质三种类型，其具有支撑头足类机体的功能，而石灰质内壳还能够提供浮力(刘必林等，2015)。

形态计量学分析方法已广泛应用于头足类个体生长、种群鉴别等研究中，但主要选取头足类的耳石和角质颚作为研究对象，对内壳的研究相对较少(陆化杰等，2012；易倩等，2012；方舟等，2012)。内壳是茎柔鱼硬组织之一，其形态结构稳定，通过对其形态学特征点的测量和分析，可帮助了解其结构和生长。目前头足类的研究多以胴长作为主要生物学参数(Ruiz-Cooley et al.，2011；Field et al.，2013)，若头足类个体损伤(或腐烂)就无法准确测量其胴长和体重，因此通过建立内壳某些形态学参数与胴长、体重的函数关系，就可推算出其相应的值，从而利用内壳分析其个体生长(王晓华，2012)。

茎柔鱼内壳是由几丁质和蛋白质分子构成的稳定角质结构，其生长发育具有不可逆性且生长贯穿整个生活史过程，其与个体生长有着密切联系。有学者提出内壳长可用于分析头足类整个生命周期的生长，内壳长与头足类的胴长和体重相关性很大，Perez 等(1996)对滑柔鱼(*I. illecebrosus*)内壳研究后发现，其长度与胴长具有显著相关关系($R^2=0.99$)。王晓华(2012)对金乌贼(*S. esculenta*)内壳研究后发现，内壳长与胴长存在极显著的线性关系($R^2>0.90$)。本研究中，茎柔鱼内壳长与胴长和体重均具有显著正相关关系($R^2>0.89$，图 7-4)，表明通过测量内壳长度可用于分析茎柔鱼的个体生长。内壳角质结构具有稳定的形态特征，相对于软组织(外套部、腕足等)，其在测量时不会发生明显的变形现象，因此测量结果更加准确。对胴长和内壳长与体重的线性回归分析结果表明两者与体重均有显著的幂函数关系(图 7-3 和图 7-4)，进一步说明内壳长可作为辅助分析茎柔鱼的个体生长的量度。

头足类内壳主要由翼部、叶轴和尾锥等部分组成(刘必林等，2015)。分析发现，茎柔鱼内壳尾锥和叶轴的长度与胴长都具有显著的线性关系，与内壳长与胴长关系一致。内壳叶轴长与内壳长以及体重都符合幂函数关系，而尾锥长与体重呈指数函数关系且存在年间差异，这可能是尾锥与叶轴外形结构上的差异造成的，即其在沿内壳中线方向的生长受其在垂直于中线的方向生长的影响。叶轴和尾锥长度与胴长和体重的显著关系说明可通过测量这两个形态学参数推算茎柔鱼个体的胴长和体重，但在根据尾锥长推算体重时还需考虑年间差异，同时也说明了这两种结构会随着个体生长不断生长具有不可逆性。

对比茎柔鱼内壳尾锥长和叶轴长后发现，其间具有显著的线性关系(图 7-7)，且数据标准化后两者具有显著的正相关关系，斜率小于 1，推测这可能是因为内壳叶轴的生长速率要高于其尾锥，但两者生长速率又具有相对稳定的比率。从内壳的结构上看，其尾锥与叶轴相连，但这两种结构的生长速率却不相等。生物体的形态结构与其功能有关(方舟等，2014)。茎柔鱼内壳叶轴部分从尾锥末端沿胴体背部中线向头部生长，与个体生长方向一致，且茎柔鱼具有生长迅速的特点，叶轴的快速生长能为茎柔鱼机体提供很好的支撑作用。茎柔鱼鳍通过鳍软骨与内壳相连，而尾锥与鳍着部(fin attachment)关系紧密，鳍向个体两侧方向的生长可能会影响尾锥的生长，造成其在个体生长方向的生长相对较慢(陈新军等，2009)，这可能是造成尾锥长与体重关系存在年间差异的原因。

内壳叶轴除去末端的突出结构，剩余的部分类似一个从尾锥末端向内壳近端延伸的两个等腰三角形[图 7-8(a)]，VL 与 GWPL 为三角形的腰，GWV 与 GWP 分别为三角形的底边。分析表明 VL 与 GWPL 具有显著线性关系，且 VL 与 GWPL 的比值约为 0.8，在本研究胴长范围内该比值无显著变化(图 7-9)，表明这两个部分存在匀速生长的现象。

## 7.4 结　论

通过测量秘鲁外海茎柔鱼内壳的形态学参数，结合胴长和体重数据，分析内壳尾锥和叶轴的长度与胴长和体重的相关关系，对比内壳不同结构的生长规律。结果发现内壳尾锥和叶轴的长度与胴长和体重均具有显著相关关系，认为可利用内壳的形态学参数研究茎柔鱼的个体生长，但在利用尾锥长推算体重时需考虑年间差异。分析还发现叶轴的生长速率要高于尾锥，而翼部和叶轴存在等比例生长的现象，推测内壳形态特征与其功能性有关，其不同结构的生长差异需结合其不同的生态学功能进行研究。

# 第 8 章　基于内壳稳定同位素的秘鲁外海茎柔鱼摄食洄游研究

头足类在海洋生态系统食物网中占有重要地位，是凶猛的捕食者，也是其他生物的捕食对象。受人工养殖技术约束和传统胃含物分析法自身缺陷的影响，目前对头足类生活史特征诸如摄食策略和洄游路径等无法开展深入研究。稳定同位素技术是近年来在海洋生态系统研究中已得到了广泛的应用。碳稳定同位素比值($\delta^{13}C$)可反映生物所处环境中初级生产者的稳定同位素特征，进而可以指示其栖息地，而氮稳定同位素比值($\delta^{15}N$)被用于评估生物的营养层次。通过对具有稳定化学成分和物理结构的硬组织样本(耳石、鳞片和骨骼等)的连续取样，结合稳定同位素技术，研究者们能利用硬组织稳定同位素信息分析个体和种群层面上的生物长期摄食习性(Cherel et al.，2009)。稳定同位素技术对动物食性具有时空再现性，可鉴别个体发育而产生的食性变化，进而可通过C、N稳定同位素比值绘制出营养生态位图(以多边形表示)分析不同个体或群体间的营养生态位关系(Hammerschlag-Peyer et al.，2011；Connan et al.，2014)。

茎柔鱼为大洋经济性头足类，广泛分布在中部太平洋以东的海域，资源丰富，但对其摄食和洄游等重要生活史信息仍知之甚少，这成为对其资源利用的瓶颈，亟待解决。茎柔鱼内壳是由几丁质和蛋白质分子构成的稳定角质结构，该结构生长发育具有不可逆性且生长贯穿整个生活史过程，从而可以包含头足类生活史过程中的全部信息(Mendes et al.，2007)。本章通过对秘鲁外海茎柔鱼耳石日龄鉴定，建立内壳叶轴生长方程，按照生长方程对内壳进行连续切割，测定切割后各片段的碳、氮稳定同位素比值，通过分析个体(群体)间营养生态位关系和片段上稳定同位素比值的连续序列，探索硬组织连续取样分析茎柔鱼个体摄食习性和栖息地变化的可行性，并分析茎柔鱼生长发育过程中的食性转换和洄游习性。

# 8.1 材料与方法

## 8.1.1 材料来源

为了更好地了解茎柔鱼同一群体不同个体生长过程中的摄食习性和洄游路径变化，本研究选取了茎柔鱼夏秋群体进行研究。茎柔鱼样本取自 2009 年 9～10 月、2010 年 8～11 月和 2013 年 8～9 月，对应的生产海域分别为 82°01′～84°29′W、10°21′～11°17′S，81°43′～82°58′W、13°02′～16°07′S 和 81°00′～81°49′W、10°54′～13°25′S(图 8-1)。样本经冷冻保存运回实验室，实验室解冻后对其进行生物学测定，包括胴长、体重、性别、性腺成熟度和胃级等。胴长测定精确至 0.1cm，体重精确至 0.1g。依据茎柔鱼性腺成熟度划分(陈新军，2004)将其划分为Ⅰ、Ⅱ、Ⅲ、Ⅳ、Ⅴ等 5 期，并对茎柔鱼胃食等级划分为 4 个等级。解剖后取出内壳和耳石，测量 265 根内壳的叶轴长度(图 8-2)，精确至 0.1cm，并通过茎柔鱼耳石读取日龄，建立内壳叶轴生长方程。耳石日龄的读取在上海海洋大学年龄鉴定中心进行。

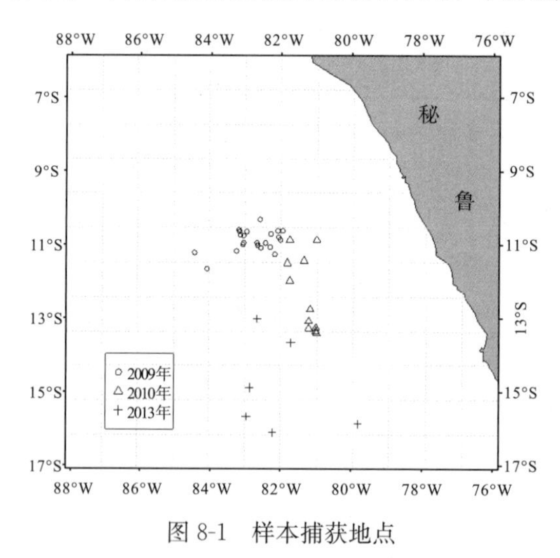


图 8-1　样本捕获地点

## 8.1.2 内壳切割

选取的 35 尾茎柔鱼分别标记为 JS1、JS2、…、JS35，其内壳分别记为 G1、G2、…、G35。使用超声波清洗器对内壳清洗 10min，以便清除内壳表面残留的有机物质。根据第 2 章的研究结果，内壳翼部与其叶轴生长规律存在差异，为消除翼部对叶轴片段稳定同位素测定的影响，先剪去翼部后再将叶轴按照生长方程沿“V”形生长纹进行切段(图 8-2)。将超纯水清洗后的内壳片段放入冷冻管中−20℃冷冻保存以备后续稳定同位素分析。稳定同位素分析前，使用冷冻干燥机(Christ1-4α)在−55℃真空条件下冷冻干燥 24h，使用混合型球磨仪(Retsch MM440)将片段磨碎成粉末。

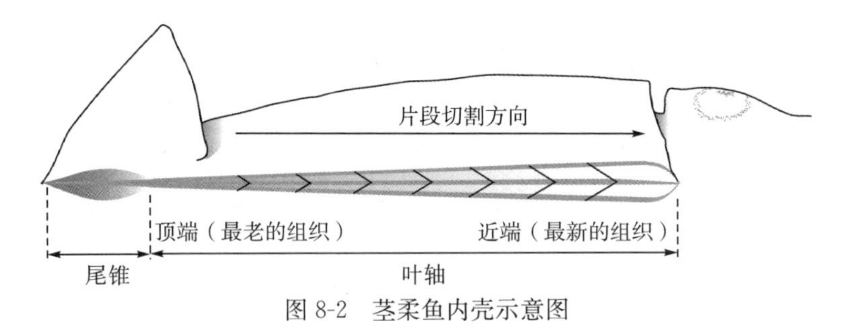

图 8-2　茎柔鱼内壳示意图

### 8.1.3　稳定同位素分析

将研磨后的片段粉末包被后送入 IsoPrime 100 稳定同位素比例分析质谱仪(IsoPrime Corporation，Cheadle，UK)测定碳、氮稳定同位素比值。结果以 $\delta^{13}C$ 和 $\delta^{15}N$ 来表示。$\delta^{13}C$ 和 $\delta^{15}N$ 以下面的公式进行计算：

$$\delta X = [(R_{sample}/R_{standard}) - 1] \times 10^3$$

其中 $X$ 指 $^{13}C$ 或者 $^{15}N$，$R$ 表示 $^{13}C/^{12}C$ 或者 $^{15}N/^{14}N$ 的比值。为保证实验结果的精度和准确度，每 10 个样品放入 3 个标准品，使用 USGS 24(−16.049‰v PDB)和 USGS 26(53.7‰v $N_2$)分别校准碳、氮稳定同位素，分析精度为 0.05‰($\delta^{13}C$)，0.06‰($\delta^{15}N$)。稳定同位素测定在上海海洋大学稳定同位素分析实验室进行。

### 8.1.4　数据统计

以内壳稳定同位素分析结果绘制营养生态位图，分析了茎柔鱼不同个体和群体的营养生态位关系。对内壳片段稳定同位素序列进行了线性回归分析，分析其与日龄的相关关系。

### 8.1.5　生长方程的筛选

头足类的生长方程有多种形式。本章选取了 6 种头足类生长方程进行对比。包括 1 种线性方程和 5 种非线性方程。

线性方程：$PL_t = a + bt$ (8-1)

指数方程：$PL_t = a e^{bt}$ (8-2)

幂函数方程：$PL_t = at^b$ (8-3)

Logistic 方程：$PL_t = \frac{PL_\infty}{1+e^{-k(t-t_0)}}$ (8-4)

Gompertz 生长方程：$PL_t = PL_\infty e^{-e^{-k(t-t_0)}}$ (8-5)

Von Bertalanffy 生长方程：$PL_t = PL_\infty [1-e^{-k(t-t_0)}]$ (8-6)

式中，$PL_t$ 为内壳叶轴长，单位为 mm；$t$ 为日龄，单位为 d；$a$、$b$、$k$ 为常数。

根据 6 种模型，通过采用 R 语言中广义线性模型 glm()和非线性模型的参数估计函数 nls()(基于非线性最小二乘回归模型)对内壳叶轴长和日龄之间关系做进一步分析。

本书采用 Fry 和 Smith (2002) 的模型计算每个方程的 AIC (Akaike Information Criterion)值。AIC 值通过以下方程计算：

$$AIC = -2\ln Z + 2k + \frac{2k(k+1)}{n-k-1} \tag{8-7}$$

式中，$k$ 为参数的数量；$n$ 为样本量；$Z$ 为似然函数。

为了比较不同生长模型优劣，利用最大相关系数 $R^2$ (coefficient of determination)和最小 AIC 值来选择最适生长模型。

# 8.2 结果与分析

## 8.2.1 内壳叶轴生长方程

265 尾茎柔鱼内壳叶轴长度为 17.2～37.4cm，日龄为 126～413d。协方差检验后发现雌、雄个体的 PL 与日龄以及年间的相互关系均无显著差异($P>0.05$)。因此将 3 个年份的数据合并后拟合出茎柔鱼 PL 与日龄的关系式。根据本研究测得的 PL 和日龄，采用 R 语言中广义线性模型 glm()和非线性模型的参数估计函数 nls()对不同模型进行了拟合，拟合出的函数如表 8-1 所示。AIC 值用公式(8-7)计算得出。根据实测数据方程 5 和 6 未拟合出函数，且方程 4 拟合出的函数 $R^2$ 最大，且 AIC 值最小。

**表 8-1　6 种拟合函数的 $R^2$ 和 AIC 值**

| 序号 | 方程 | 拟合出的函数 | $R^2$ | AIC |
|---|---|---|---|---|
| 1 | $PL_t = a + bt$ | $PL_t = 72.789 + 0.739t$ | 0.691 | 2308.345 |
| 2 | $PL_t = a e^{bt}$ | $PL_t = 121.629e^{0.0029t}$ | 0.692 | 2307.865 |
| 3 | $PL_t = at^b$ | $PL_t = 5.350t^{0.703}$ | 0.685 | 2312.465 |
| 4 | $PL_t = \frac{PL_\infty}{1+e^{-k(t-t_0)}}$ | $PL_t = \frac{749.389}{1+e^{-0.005(t-395.244)}}$ | 0.693 | 2307.414 |
| 5 | $PL_t = PL_\infty e^{-e^{-k(t-t_0)}}$ | * | * | * |
| 6 | $PL_t = PL_\infty[1-e^{-k(t-t_0)}]$ | * | * | * |

* 本研究实测数据无法采用该模型拟合出函数。

拟合出的函数关系式如图 8-3 所示。

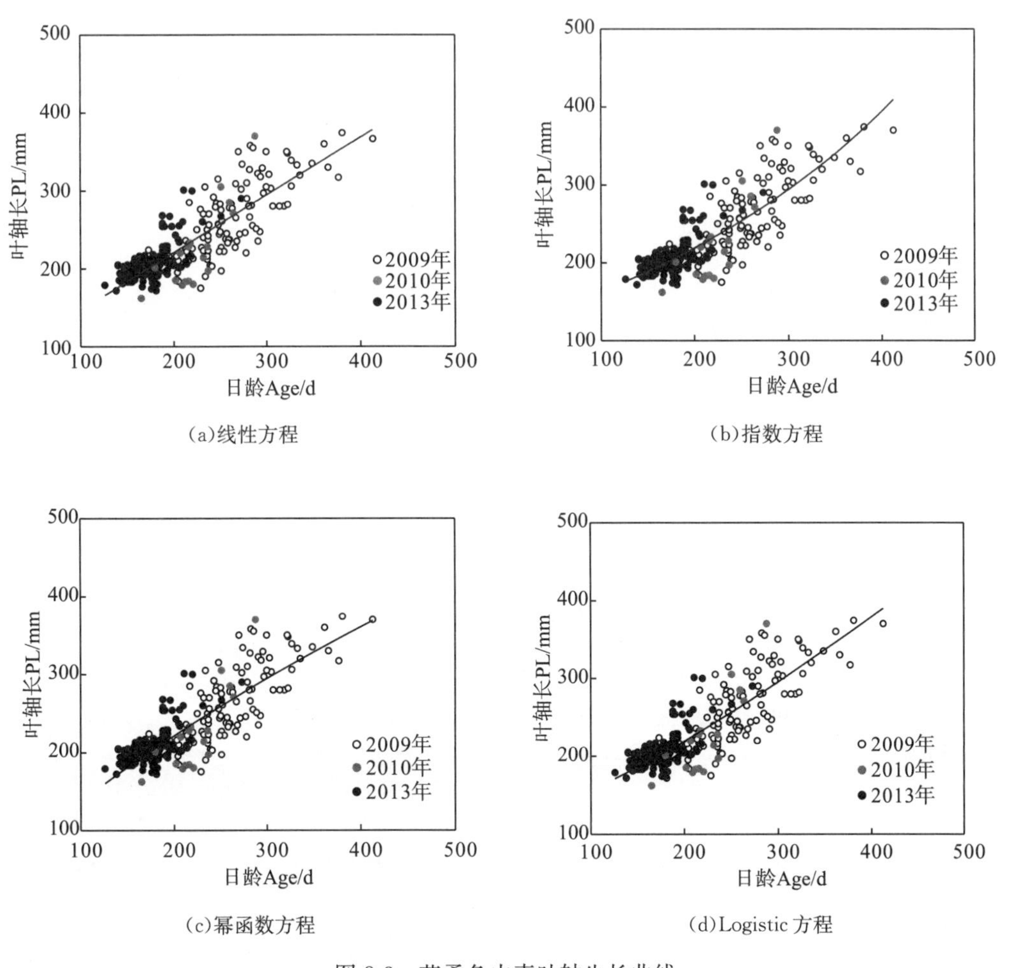


(a)线性方程　(b)指数方程

(c)幂函数方程　(d)Logistic 方程

图 8-3　茎柔鱼内壳叶轴生长曲线

因缺少日龄小于126d的样本，本公式仅适用于叶轴长度在17.2～37.4cm的样本，因此本研究仅对茎柔鱼出生130d以后的叶轴部分沿“V”形生长纹切段。方程4的AIC值最小，且相关系数最大，拟合度最高，选其作为内壳叶轴生长方程。

### 8.2.2 基础生物学

研究所选取的茎柔鱼胴长为32.3～39.9cm，体重为950.6～2185.4g。茎柔鱼日龄由耳石切片读取获得，并由耳石日龄逆推推算出其孵化日期从而判断茎柔鱼均来自夏秋生群。茎柔鱼具体的基础生物学数据见表8-2。

**表8-2 茎柔鱼生物学参数**

| 编号 | 捕获地点 | 体重/g | 胴长/cm | 捕获日期 | 日龄/d | 孵化日期 |
|---|---|---|---|---|---|---|
| JS1 | 82°40′W，11°03′S | 950.6 | 32.3 | 2009/09/28 | 278 | 2008/12/24 |
| JS2 | 82°05′W，10°39′S | 1260.3 | 34.9 | 2009/09/08 | 273 | 2008/12/09 |
| JS3 | 82°04′W，10°49′S | 650.6 | 27.8 | 2009/09/26 | 216 | 2009/02/22 |
| JS4 | 82°05′W，10°39′S | 1678.0 | 36.0 | 2009/09/08 | 251 | 2008/12/31 |
| JS5 | 82°05′W，10°39′S | 2185.0 | 39.9 | 2009/09/08 | 274 | 2008/12/08 |
| JS6 | 82°36′W，10°21′S | 1208.0 | 33.8 | 2009/09/06 | 248 | 2009/01/01 |
| JS7 | 82°36′W，10°21′S | 889.8 | 30.4 | 2009/09/06 | 213 | 2009/02/05 |
| JS8 | 82°36′W，10°21′S | 1365.6 | 35.1 | 2009/09/06 | 270 | 2008/12/10 |
| JS9 | 82°36′W，10°21′S | 1034.9 | 32.4 | 2009/09/07 | 237 | 2009/01/13 |
| JS10 | 83°17′W，11°12′S | 974.6 | 31.7 | 2009/09/13 | 237 | 2009/01/19 |
| JS11 | 83°12′W，10°38′S | 1486.5 | 36.9 | 2009/09/22 | 246 | 2009/01/19 |
| JS12 | 82°36′W，10°21′S | 1156.9 | 33.7 | 2009/09/06 | 225 | 2009/01/24 |
| JS13 | 84°29′W，11°14′S | 1448.8 | 35.6 | 2009/09/14 | 260 | 2008/12/28 |
| JS14 | 83°11′W，10°40′S | 1803.0 | 38.2 | 2009/09/21 | 279 | 2008/12/16 |
| JS15 | 82°04′W，10°49′S | 927.8 | 30.4 | 2009/09/26 | 240 | 2009/01/29 |
| JS16 | 81°21′W，11°27′S | 987.1 | 33.4 | 2013/08/25 | 258 | 2012/12/10 |
| JS17 | 81°00′W，13°25′S | 483.6 | 26.0 | 2013/09/03 | 195 | 2013/02/20 |
| JS18 | 81°00′W，13°25′S | 410.5 | 24.9 | 2013/09/03 | 181 | 2013/03/06 |
| JS19 | 81°45′W，10°54′S | 496.3 | 26.6 | 2013/08/18 | 190 | 2013/02/09 |
| JS20 | 81°45′W，10°54′S | 435.0 | 24.1 | 2013/08/18 | 175 | 2013/02/24 |
| JS21 | 81°13′W，13°18′S | 361.0 | 23.6 | 2013/09/11 | 177 | 2013/03/18 |
| JS22 | 81°45′W，12°00′S | 719.6 | 29.4 | 2013/08/09 | 208 | 2013/01/13 |
| JS23 | 81°45′W，12°00′S | 843.0 | 30.8 | 2013/08/09 | 242 | 2012/12/10 |
| JS24 | 81°01′W，13°17′S | 507.1 | 26.5 | 2013/08/30 | 180 | 2013/03/03 |
| JS25 | 81°01′W，13°17′S | 515.4 | 27.0 | 2013/08/30 | 195 | 2013/02/16 |
| JS26 | 81°01′W，13°17′S | 441.0 | 25.4 | 2013/08/30 | 186 | 2013/02/25 |
| JS27 | 81°11′W，12°46′S | 467.1 | 26.6 | 2013/09/19 | 193 | 2013/03/10 |

续表

| 编号 | 捕获地点 | 体重/g | 胴长/cm | 捕获日期 | 日龄/d | 孵化日期 |
|---|---|---|---|---|---|---|
| JS28 | 81°49′W，11°31′S | 1090.8 | 33.8 | 2013/09/15 | 231 | 2013/01/27 |
| JS29 | 81°49′W，11°31′S | 1229.0 | 35.4 | 2013/09/15 | 251 | 2013/01/07 |
| JS30 | 81°13′W，13°06′S | 404.0 | 24.7 | 2013/08/15 | 179 | 2013/02/17 |
| JS31 | 81°13′W，13°06′S | 314.3 | 22.9 | 2013/08/15 | 167 | 2013/03/01 |
| JS32 | 81°01′W，13°17′S | 540.5 | 28.1 | 2013/08/30 | 169 | 2013/03/14 |
| JS33 | 81°01′W，13°17′S | 348.0 | 24.0 | 2013/08/30 | 176 | 2013/03/07 |
| JS34 | 81°45′W，10°54′S | 587.2 | 28.0 | 2013/08/18 | 200 | 2013/01/30 |
| JS35 | 81°45′W，10°54′S | 324.0 | 23.3 | 2013/08/18 | 165 | 2013/03/06 |

### 8.2.3　内壳稳定同位素分析结果

内壳叶轴切割片段的 $\delta^{13}C$ 为－19.76‰～－15.01‰，平均变化 1.03‰，而 $\delta^{15}N$ 为 4.00‰～14.50‰，平均变化 2.31‰(表 8-3)。

**表 8-3　茎柔鱼内壳 C、N 稳定同位素比值分析结果**

| 序号 | 分段数目 | $\delta^{13}C$/‰ | | | | $\delta^{15}N$/‰ | | | |
|---|---|---|---|---|---|---|---|---|---|
| | | 平均值 | 标准偏差 | 最大值 | 最小值 | 平均值 | 标准偏差 | 最大值 | 最小值 |
| G1 | 14 | －16.93 | 0.22 | －16.52 | －17.20 | 10.81 | 0.51 | 12.03 | 10.13 |
| G2 | 14 | －16.96 | 0.32 | －16.40 | －17.41 | 11.29 | 1.47 | 13.67 | 9.27 |
| G3 | 7 | －18.84 | 0.63 | －18.12 | －19.76 | 4.89 | 0.63 | 5.74 | 4.00 |
| G4 | 11 | －16.52 | 0.21 | －16.16 | －16.83 | 11.25 | 1.47 | 12.43 | 9.16 |
| G5 | 14 | －16.62 | 0.24 | －16.16 | －17.19 | 13.35 | 1.04 | 14.50 | 11.49 |
| G6 | 11 | －17.37 | 0.21 | －17.09 | －17.85 | 9.52 | 0.34 | 9.97 | 8.99 |
| G7 | 9 | －17.75 | 0.34 | －17.19 | －18.23 | 7.53 | 0.73 | 8.56 | 6.11 |
| G8 | 10 | －16.86 | 0.37 | －16.03 | －17.23 | 9.34 | 1.50 | 10.96 | 6.54 |
| G9 | 10 | －17.62 | 0.18 | －17.35 | －17.85 | 7.18 | 0.44 | 7.97 | 6.56 |
| G10 | 12 | －16.62 | 0.29 | －15.95 | －16.94 | 11.21 | 0.94 | 12.79 | 10.25 |
| G11 | 10 | －17.43 | 1.. 22 | －15.01 | －18.57 | 9.05 | 1.51 | 11.48 | 7.09 |
| G12 | 13 | －17.05 | 0.20 | －16.72 | －17.40 | 10.68 | 0.98 | 12.90 | 9.84 |
| G13 | 11 | －17.11 | 0.21 | －16.92 | －17.72 | 10.17 | 0.55 | 10.93 | 9.04 |
| G14 | 14 | －16.90 | 0.28 | －16.60 | －17.44 | 11.22 | 0.56 | 11.91 | 9.91 |
| G15 | 9 | －18.03 | 0.38 | －17.54 | －18.64 | 7.93 | 1.22 | 9.81 | 6.51 |
| G16 | 12 | －16.96 | 0.67 | －15.72 | －17.73 | 9.30 | 0.84 | 10.50 | 8.16 |
| G17 | 6 | －17.48 | 0.65 | －15.72 | －18.97 | 10.89 | 0.58 | 11.69 | 10.18 |
| G18 | 5 | －18.24 | 0.26 | －17.93 | －18.61 | 10.09 | 0.51 | 10.86 | 9.51 |
| G19 | 6 | 17.65 | 0.11 | －17.51 | －17.81 | 10.17 | 0.10 | 10.32 | 10.00 |

续表

| 序号 | 分段数目 | δ13C/‰ | | | | δ15N/‰ | | | |
|---|---|---|---|---|---|---|---|---|---|
| | | 平均值 | 标准偏差 | 最大值 | 最小值 | 平均值 | 标准偏差 | 最大值 | 最小值 |
| G20 | 4 | −18.71 | 0.28 | −18.37 | −18.97 | 6.54 | 0.50 | 7.12 | 5.96 |
| G21 | 4 | −18.17 | 0.45 | −17.54 | −18.50 | 11.85 | 0.84 | 12.94 | 11.11 |
| G22 | 7 | −17.53 | 0.20 | −17.31 | −17.86 | 7.76 | 1.49 | 9.91 | 6.26 |
| G23 | 11 | −17.30 | 0.26 | −16.74 | −17.69 | 12.30 | 0.92 | 13.67 | 10.93 |
| G24 | 5 | −17.89 | 0.37 | −17.49 | −18.45 | 12.76 | 0.39 | 13.33 | 12.31 |
| G25 | 6 | −17.81 | 0.10 | −17.65 | −17.96 | 11.28 | 0.24 | 11.62 | 11.01 |
| G26 | 5 | −17.66 | 0.16 | −17.49 | −17.93 | 11.69 | 1.03 | 13.39 | 10.65 |
| G27 | 6 | −18.12 | 0.46 | −17.36 | −18.54 | 12.19 | 0.46 | 13.06 | 11.81 |
| G28 | 10 | −17.38 | 0.23 | −17.08 | −17.79 | 11.32 | 0.85 | 12.74 | 10.38 |
| G29 | 12 | −17.03 | 0.68 | −16.17 | −18.23 | 10.44 | 1.78 | 13.00 | 8.13 |
| G30 | 4 | −16.37 | 0.31 | −16.00 | −16.71 | 11.33 | 0.27 | 11.57 | 11.03 |
| G31 | 3 | −17.42 | 0.20 | −17.19 | −17.58 | 11.55 | 0.83 | 12.44 | 10.78 |
| G32 | 3 | −17.39 | 0.44 | −17.08 | −17.89 | 12.79 | 0.62 | 13.42 | 12.18 |
| G33 | 4 | −17.81 | 0.23 | −17.50 | −18.07 | 12.37 | 0.61 | 13.27 | 11.97 |
| G34 | 7 | −16.64 | 0.86 | −15.82 | −17.85 | 11.06 | 1.27 | 12.2 | 8.65 |
| G35 | 3 | −17.96 | 0.16 | −17.80 | −18.11 | 8.39 | 0.60 | 9.02 | 7.83 |

## 8.2.4　营养生态位

根据 Hammerschlag-Peyer 等(2011)提出的个体发育生态位变化研究框架，茎柔鱼内壳 C、N 稳定同位素分析结果反映了不同个体或群体间的营养生态位关系。以茎柔鱼内壳 C、N 稳定同位素分析结果绘制出营养生态位图(图 8-4)。

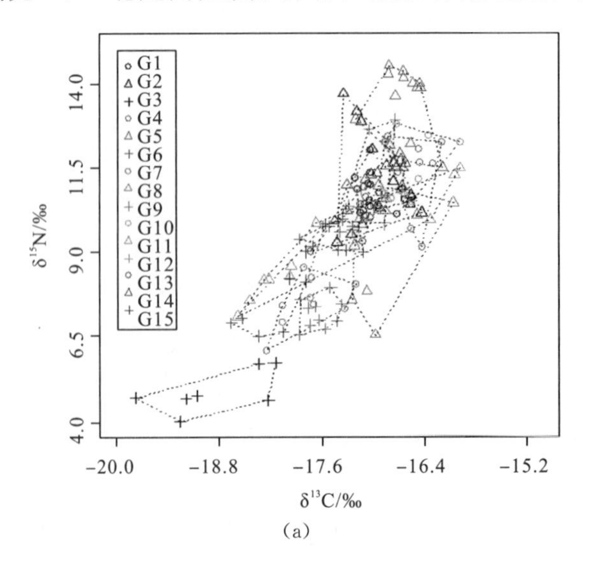

(a)

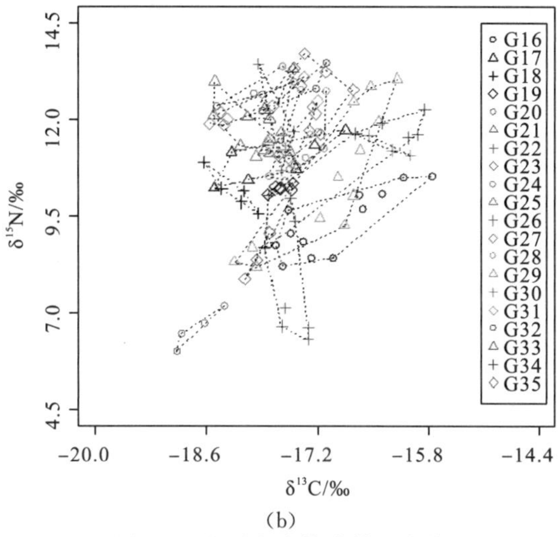


(b)

图 8-4　茎柔鱼个体营养生态位

从图 8-4 可以看出 33 尾茎柔鱼营养生态位与同一年份的其他茎柔鱼存在重叠现象，而 JS3 和 JS20 的营养生态位与同一年份的其他茎柔鱼均无重叠，初步判断这 2 尾茎柔鱼可能为来自夏秋生群不同产卵场个体，为提高对茎柔鱼摄食洄游分析的准确性，这 2 尾茎柔鱼的内壳片段稳定同位素信息单独进行分析。

根据 Nigmatullin 等(2001)对大、中和小型群的判别标准，本研究 2009 年样品均为中型群，2013 年样品包含小型和中型群。2013 年样品分为两组(Z1：小型群，Z2：中型群)，2009 年样品均为中型群分为 Z3。对比茎柔鱼小型群和中型群的营养生态位关系后发现，小型群与中型群具有重叠营养生态位，且后者营养生态位宽度大于前者(图 8-5)。

对不同年份中型群个体营养生态位对比发现(图 8-6)，二者营养生态位相似，重合面积较大。

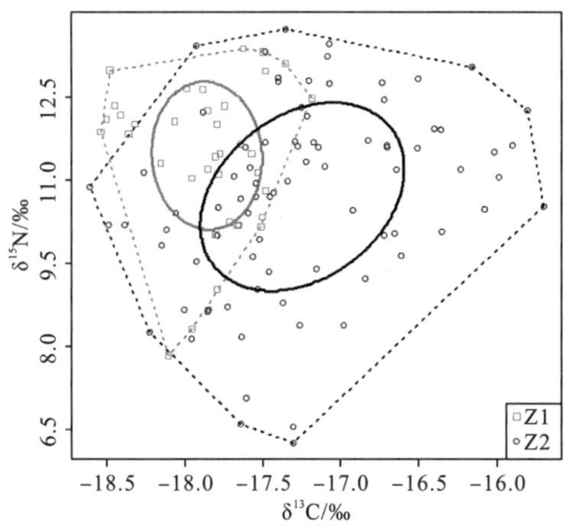


图 8-5　茎柔鱼小型群和中型群营养生态位

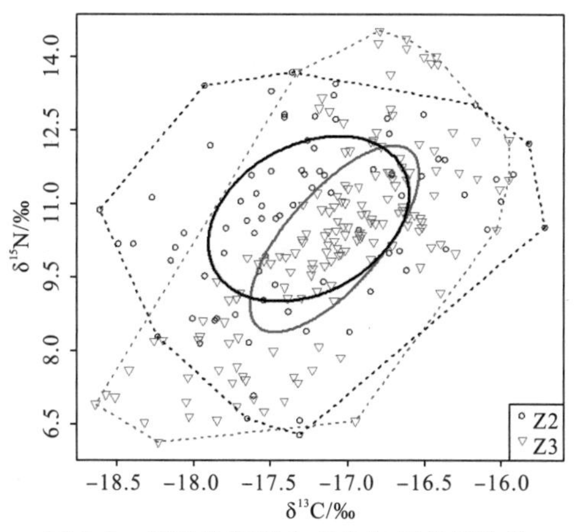


图 8-6　茎柔鱼营养生态位年间差异比较

## 8.2.5 内壳片段稳定同位素序列

营养生态位关系图(图 8-4)中 JS3 和 JS20 的营养生态位与其他个体差异较大，对这两尾茎柔鱼的内壳片段稳定同位素序列进行单独分析。其余的相同年份茎柔鱼个体间营养生态位接近，其出生 130d 后的生活史较为相似，初步判断来自同一产卵场，但对比发现小型群和中型群的营养生态位存在差异(图 8-5)，因此将样品分组进行分析。

结果发现，G3 和 G20 的 $\delta^{13}C$ 和 $\delta^{15}N$ 序列与日龄均无线性关系($P>0.05$)(图 8-7)。计算各组茎柔鱼相同日龄内壳片段 $\delta^{13}C$ 和 $\delta^{15}N$ 的平均值，Z1 的 $\delta^{13}C$ 平均值($\delta^{13}C_{Mean}$)为 $-18.08\sim-17.52‰$，$\delta^{15}N$ 平均值($\delta^{15}N_{Mean}$)为 $11.06\sim11.85‰$，Z2 的 $\delta^{13}C_{Mean}$为$-17.82\sim-16.79‰$，$\delta^{15}N_{Mean}$为 $8.41\sim11.46‰$，Z3 的 $\delta^{13}C_{Mean}$为$-17.32\sim-16.62‰$，$\delta^{15}N_{Mean}$为 $9.61\sim11.02‰$(图 8-8)。分析发现 Z1 的 $\delta^{13}C_{Mean}$序列与日龄呈显著负相关关系[$R=-0.80$，$P<0.05$，$n=6$，图 8-8(a)]，而 $\delta^{15}N_{Mean}$序列与日龄无线性关系[$P>0.05$，$n=6$，图 8-8(d)]。Z2 的 $\delta^{13}C_{Mean}$和 $\delta^{15}N_{Mean}$序列与日龄均存在显著的负相关关系[$R=-0.85$，$P<0.05$，$n=12$，图 8-8(b)；$R=-0.94$，$P<0.05$，$n=12$，图 8-8(e)]。Z3 的 $\delta^{13}C_{Mean}$和 $\delta^{15}N_{Mean}$序列与日龄均无线性关系[$P>0.05$，$n=14$，图 8-8(c)、(f)]。

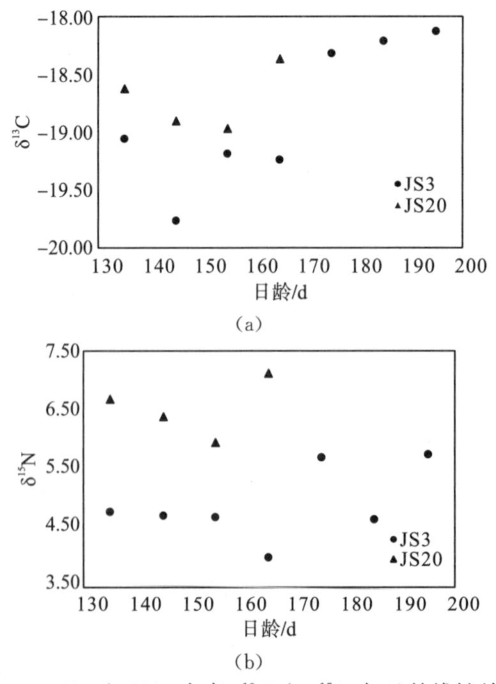


图 8-7 JS3 和 JS20 内壳 $\delta^{13}C$ 和 $\delta^{15}N$ 与日龄线性关系

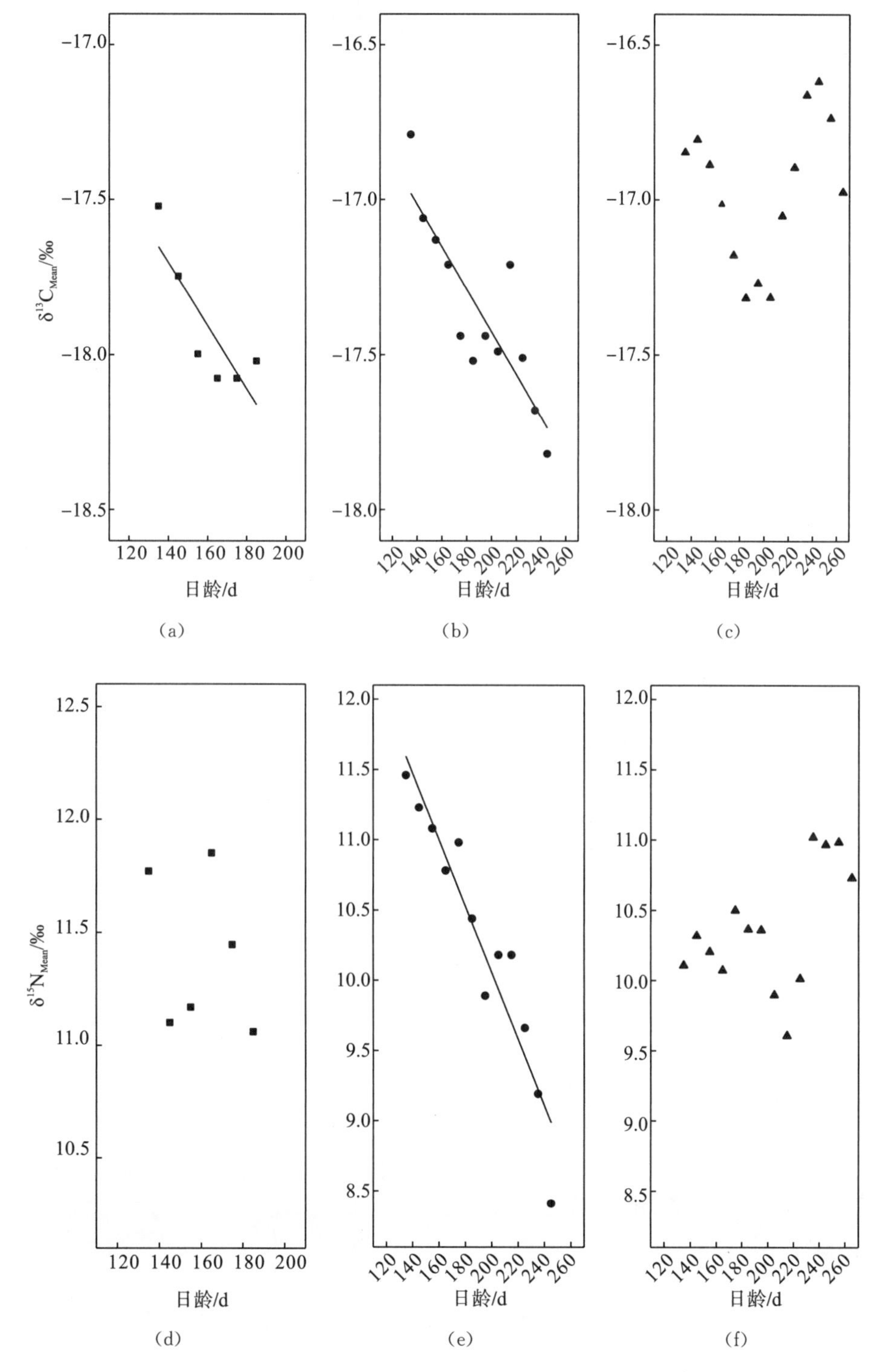


图 8-8　茎柔鱼内壳 $\delta^{13}C$ 和 $\delta^{15}N$ 与日龄线性关系

注：直线表示具有显著线性关系。

由内壳片段稳定同位素序列的聚类分析结果发现，Z1 中 150～190d 片段的 $\delta^{13}C$ 相对稳定，对应片段的 $\delta^{15}N$ 也存在一定的变化(图 8-9)。Z2 和 Z3 中 170～210d 片段的 $\delta^{13}C$ 波动较小，与两侧片段序列差异显著，其 $\delta^{15}N$ 也存在相应的变化过程(图 8-10 和图 8-11)。

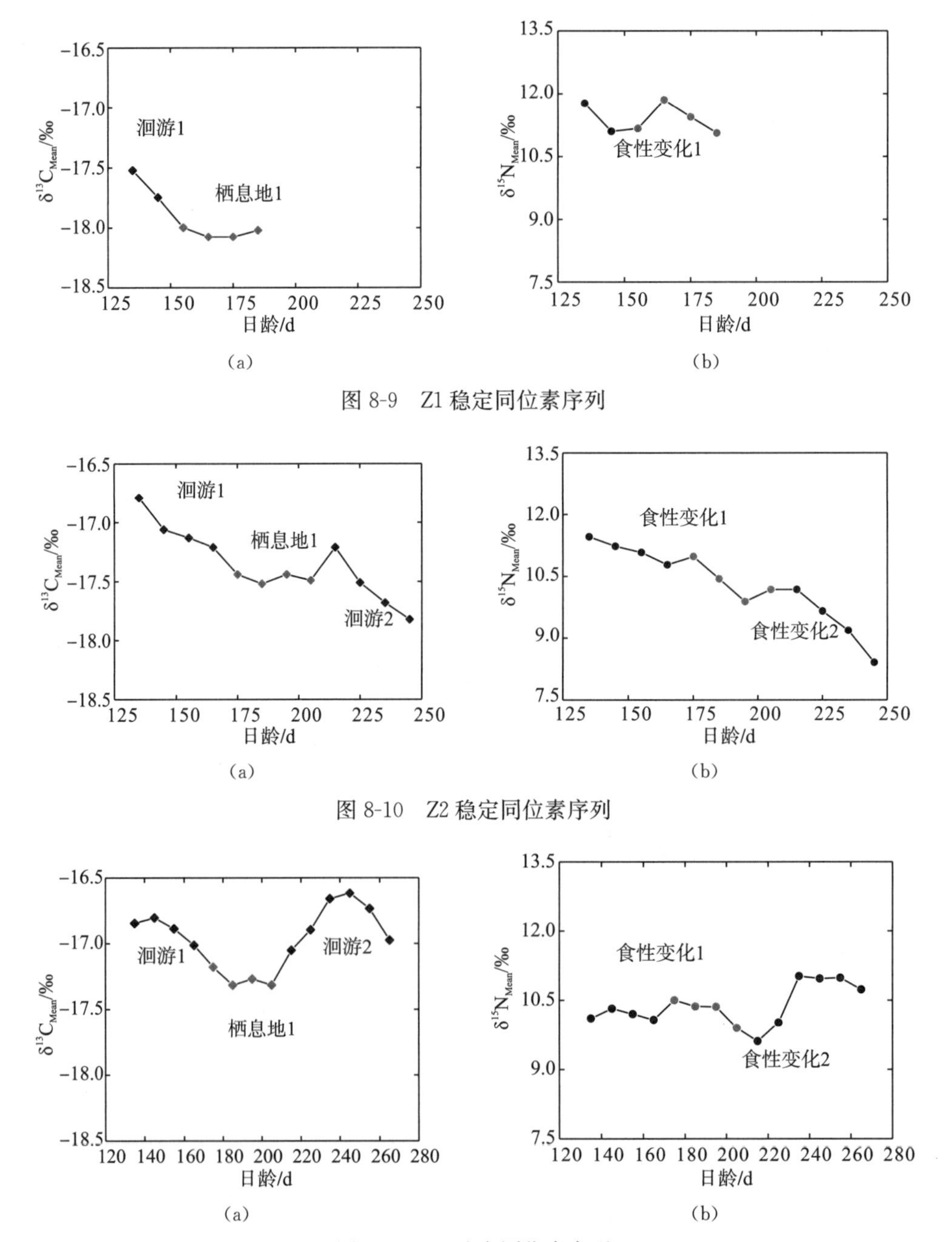


图 8-9 Z1 稳定同位素序列



图 8-10 Z2 稳定同位素序列



图 8-11 Z3 稳定同位素序列

# 8.3　讨　　论

茎柔鱼是许多大型鱼类和海洋哺乳动物的捕食对象，其本身也是重要的捕食者(Clarke et al.，2001)。头足类具有代谢需求高、捕食行为凶猛和年间资源补充量波动的特点，这会对海洋食物网造成显著影响。并且其具有明显的洄游行为，其对被捕食对象的捕食压力也会随其洄游发生时空变化(Rodhouse and Nigmatullin，1996)。因此，对不同个体大小茎柔鱼摄食和洄游的研究可综合反映其在海洋生态系统中的地位。

## 8.3.1　内壳连续切割

茎柔鱼具有高度洄游习性，有学者通过分析渔获物数据、标识重捕法或传统胃含物分析法对其摄食和洄游行为进行了研究，但受研究方法自身约束和缺陷的影响，对茎柔鱼生活史特征诸如摄食策略和洄游路径等无法开展深入研究。耳石、鳞片和骨骼等硬组织具有稳定的化学成分和物理结构，构成这类组织的化学物质中的稳定同位素会记录下生物体的生活史信息。生物组织中的 $\delta^{13}C$ 可用于分析研究对象食性与栖息地的变化，而 $\delta^{15}N$ 可用于确定研究对象的营养层次。Mendes 等(2007)对抹香鲸(*P. macrocephalus*)牙齿进行了分层切割，通过分析不同牙层的 $\delta^{13}C$ 和 $\delta^{15}N$，推测了抹香鲸的洄游路径和营养层次。Guerra 等(2010)对大王乌贼(*A. dux*)的上角质颚进行了连续微取样，并测定取样位点的 $\delta^{13}C$ 和 $\delta^{15}N$，分析了大王乌贼不同生活史时期的摄食习性。

茎柔鱼从食物中摄取营养成分转化成几丁质和蛋白质分子，进而构成内壳的角质结构，促成内壳的生长，该结构生长发育具有不可逆性且生长贯穿整个生活史过程，从而可以包含头足类生活史过程中的全部信息。内壳连续切割片段的碳、氮稳定同位素分析可揭示茎柔鱼在不同生活史时期的摄食习性和栖息地变化。Ruiz-Cooley 等(2010)对不同海域茎柔鱼内壳每 3cm 进行切割，通过对比内壳连续切割片段稳定同位素信息分析不同海域茎柔鱼个体生长的差异。Lorrain 等(2011)将茎柔鱼内壳每 1cm 进行切割，通过分析内壳连续切割片段稳定同位素信息重塑其生活史过程中的食性转换过程。但研究表明，随个体生长头足类角质内壳生长纹间的宽度会发生变化(Schroeder and Perez，2010)。若采用等距离连续切割的方法，只能大致分析不同生活史阶段茎柔鱼的摄食习性和栖息地变化，而本书结合耳石日龄鉴定结果，构建内壳叶轴生长方程(表 8-1)，按生长方程沿“V”形生长纹每 10d 进行切段，更为精确地分析了茎柔鱼在出生 130d 后每 10d 的稳定同位素信息。

### 8.3.2 摄食与洄游

生物随着个体发育，其营养生态位会不断变化，稳定同位素技术对动物食性的时空再现性使其成为研究个体发育生态位变动的重要工具(林光辉，2013)。应用生物 $\delta^{13}C$ 和 $\delta^{15}N$ 绘制生态位，从图形间的关系(重叠或独立)可直观分析个体或群体间的营养生态位关系，推测生活史过程(Hammerschlag-Peyer et al.，2011)。本章以茎柔鱼内壳连续切割片段的 $\delta^{13}C$ 和 $\delta^{15}N$ 绘制了 35 尾茎柔鱼的生态位(图 8-4)，分析发现 JS3 和 JS20 的营养生态位与其他个体无重叠，其余的相同年份茎柔鱼个体间生态位存在大部分重叠，即在出生 130d 后的生活史过程中其具有相似的食物来源和栖息环境，说明其可能具有相同的洄游路径。

JS3、JS15 和 JS20、JS19 分别来自相同的采样点，且个体大小接近，但 JS3 和 JS20 的营养生态位与其余个体均存在差异，这可能是因为其来自夏秋群体的不同产卵场，却在同一采样点被捕获，秘鲁海域存在若干个产卵场的观点也支持这一解释(Liu et al.，2013；Tafur et al.，2001)。为避免来自其他产卵场的茎柔鱼个体对其群体洄游路径的判断的影响，结合生态位分析结果，JS3 和 JS20 的稳定同位素信息进行单独分析。

从图 8-5 可以看出，茎柔鱼小型群与中型群营养生态位重叠程度较高，但后者营养生态位宽度大于前者，且营养层次无显著差异。生物的营养生态位与其食物和生境等因素有关。贾涛等(2010)对秘鲁外海茎柔鱼摄食习性研究发现，不同胴长的茎柔鱼个体的食物种类无显著差异，中小型个体均会摄食甲壳类和头足类。类似的食物来源可能是导致小型群与中型群营养层次接近的原因，而中型群个体较大，游泳和捕食能力要强于小型群，其所生活的生境范围可能更广，使得其营养生态位宽度大于小型群。分析发现，不同年份的中型群个体 $\delta^{13}C$、$\delta^{15}N$ 无显著差异，从图 8-6 也可以看出两者营养生态位接近，推测不同年份中型群个体具有类似的摄食习性，而其营养生态位的差异还需结合不同年份的食物丰度和分布进一步分析。

头足类具有明显的洄游行为，这与其他软体动物不同，而与鱼类却甚为相似(李云凯等，2014)。在海洋生态系统中，由于不同纬度浮游植物所处的海水温度、光照强度和海水中 $CO_2$ 浓度不同，食物网基线生物的 $\delta^{13}C$ 与纬度有关(Rau et al.，1982)。Rau 等(1982)对不同纬度海洋浮游植物的 $\delta^{13}C$ 对比后发现，从赤道向两极随纬度增大浮游植物的 $\delta^{13}C$ 降低，在北半球，浮游植物的 $\delta^{13}C$ 每个纬度降低 0.015‰，而南半球每个纬度降低 0.14‰。这种梯度变化也会反映到头足类个体的 $\delta^{13}C$ 中。Lorrain 等(2011)对不同纬度的茎柔鱼个体研究发现，3°～9°S

的个体肌肉 $\delta^{13}C$ 差值约为 3‰，表明秘鲁外海基线生物的 $\delta^{13}C$ 与纬度有关。Ruiz-Cooley 等(2012)进一步对比了纬度与茎柔鱼肌肉 $\delta^{13}C$ 的关系，分析发现在 0°～20°S 其 $\delta^{13}C$ 随纬度增大呈上升趋势。本章研究中 Z1、Z2 和 Z3 的 $\delta^{13}C_{Mean}$ 随日龄增大分别显示出 0.56‰、1.03‰和 0.70‰的变化，G3 和 G20 也显示出 1.64‰和 0.60‰的变化，表明其在出生 130d 后的洄游过程都存在一定纬度变化。并且 Z1 与 Z2 的 $\delta^{13}C_{Mean}$ 序列与日龄都呈显著负相关关系，表明随个体生长发育，茎柔鱼有从高纬度向低纬度洄游的趋势。这与陈新军和赵小虎(2006)研究发现秘鲁外海茎柔鱼产量重心在 4～9 月往西北方向移动的研究结果一致。虽然 Z3 的 $\delta^{13}C_{Mean}$ 序列与日龄无线性关系，但从图 8-8(c)可以看出其 130～210d 的内壳片段也呈下降趋势，而其 210d 后即 2009 年的 6～9 月的 $\delta^{13}C_{Mean}$ 序列呈上升趋势。研究发现，2009 年 6～12 月秘鲁外海发生了厄尔尼诺(El Niño)事件(徐冰等，2012)。已有研究表明厄尔尼诺事件的发生会改变秘鲁外海茎柔鱼的生活环境，影响其生活习性(Ñiquen et al.，2014)。徐冰等(2012)研究发现厄尔尼诺事件会造成茎柔鱼渔场重心随时间逐渐向东南方向移动，茎柔鱼向高纬度方向的洄游可能是造成了 Z3 的 $\delta^{13}C_{Mean}$ 序列在 210d 后上升的原因。因此，本书认为造成 Z2 和 Z3 的 $\delta^{13}C_{Mean}$ 序列 210d 后的差异可能与当年的厄尔尼诺事件有关。G3 和 G20 的 $\delta^{13}C$ 序列与日龄无线性关系，但其变化规律与 Z1、Z2 和 Z3 均无相似性，再次说明其可能来自不同的产卵群体。

内壳连续片段的 $\delta^{13}C_{Mean}$ 序列还可反映茎柔鱼生活史中所处的不同状态，即何时在迁徙洄游，何时停留于栖息地。序列中相对平稳的部分可以假定成茎柔鱼处于栖息地或在有限空间内移动，变化较大的部分表示茎柔鱼在不同栖息地之间迁徙洄游(Bazzino et al.，2010)。Z1 中 150～190d 片段(图 8-9)和 Z2 和 Z3 中 170～210d 片段(图 8-10)的 $\delta^{13}C_{Mean}$ 波动较小，推测这几组片段所代表的生活史时期中，茎柔鱼停留于栖息地或在有限空间内移动，其余部分表示茎柔鱼在不同栖息地之间迁徙洄游。茎柔鱼内壳所观察到的 $\delta^{13}C_{Mean}$ 变化表明了它们复杂的洄游生活史。

茎柔鱼内壳 $\delta^{15}N$ 的变化由两个原因造成，一是茎柔鱼食性发生变化，二是氮稳定同位素基线对茎柔鱼 $\delta^{15}N$ 产生的影响。Ruiz-Cooley 等(2006)对加利福尼亚湾茎柔鱼(*D. gigas*)胃含物分析发现，茎柔鱼的食物包括灯笼鱼、甲壳类、鱼类和头足类等。东南太平洋的秘鲁外海区域有着世界上含氧量低的海区(OMZ)(Bertrand et al.，2010；Paulmier and Ruiz-Pino，2009)，含氧量低的海区有很强的反硝化作用(Naqvi et al.，2000)，会使氮稳定同位素基线值明显升高(Sigman et al.，1999)，而硝化作用较强的海域基线值相对较低，氮稳定同位素基线值的这种差异会反映在生活于这片海域的茎柔鱼上。随着栖息地和洄游时期的确定，停留于栖息地期间，氮稳定同位素基线变化较小，茎柔鱼 $\delta^{15}N$ 的变化表明其食性发生变化。而茎柔鱼洄游过程中 $\delta^{15}N$ 的变化，可能是其食性发生变化，但不能排除氮稳定同位素基线对茎柔鱼 $\delta^{15}N$ 产生的影响。Z1、Z2 和 Z3 的 $\delta^{15}N_{Mean}$分别显示出 0.79‰、2.01‰和 1.41‰的变化，且 $\delta^{15}N_{Mean}$序列的变化与 $\delta^{13}C_{Mean}$序列所反映的茎柔鱼不同生活状态有一定的对应性。Z1 和 Z3 的 $\delta^{15}N_{Mean}$序列与日龄无线性关系，而 Z2 的 $\delta^{15}N_{Mean}$序列随日龄增大有显著下降趋势[图 8-8(e)]，表明 Z2 在 130～250d 的生活史过程中，其营养层次在逐渐降低，说明在洄游过程中其所摄食的食物营养层次降低。Alegre 等(2014)对秘鲁外海茎柔鱼胃含物研究后发现，在其向海岸洄游过程中存在明显的食性变化过程，食物中鱼类的比例逐渐下降，磷虾比例上升。茎柔鱼小型群与中型群的食物种类无显著差异(贾涛等，2010)，但中型群个体较大，其生活范围可能要大于小型群，这可能是 Z1 与 Z2 的 $\delta^{15}N_{Mean}$序列变化规律差异的原因。而 Z3 与 Z2 的 $\delta^{15}N_{Mean}$序列变化规律的差异可能与 Z3 受厄尔尼诺事件影响造成的生活习性改变有关。

## 8.4 结　　论

通过对秘鲁外海茎柔鱼耳石日龄鉴定，建立内壳叶轴生长方程，按照生长方程对内壳进行连续切割，测定连续切割片段的碳、氮稳定同位素比值，通过分析个体(群体)间营养生态位关系和内壳片段稳定同位素比值的连续序列，分析了茎柔鱼的生长发育过程中的食性转换和栖息洄游。结果表明，茎柔鱼夏秋生群在出生 130d 后的生活史过程中存在食性转换和洄游活动，中、小型群食物源相似，且海洋环境变化会对秘鲁外海茎柔鱼的生活习性造成影响，证明了内壳连续取样分析茎柔鱼个体摄食习性和栖息地变化的可行性。

尽管研究仅由内壳稳定同位素分析结果很难得到茎柔鱼食性的具体转换情况和详细的洄游路径，但证明了稳定同位素技术在头足类摄食生态学研究，尤其是摄食信息和栖息洄游信息中所拥有的巨大应用潜力。研究发现，同一季节产卵群体可能来自不同产卵场，影响对其群体洄游路径的判断。下一步研究将分析利用稳定同位素分析技术区分不同产卵群体的可行性，并增加小个体(日龄低于126d)样本个数，进而更加准确地推测其完整生活史过程的食性变化和洄游模式。

# 参 考 文 献


蔡德陵，孟凡，韩贻兵，等. 1999. $^{13}C/^{12}C$ 比值作为海洋生态系统食物网示踪剂的研究——崂山湾水体生物食物网的营养关系[J]. 海洋与湖沼，30(6)：671-270.

陈新军. 2004. 渔业资源与渔场学[M]. 北京：海洋出版社.

陈新军，刘金立，许强华. 2006. 头足类种群鉴定方法研究进展[J]. 上海水产大学学报，15：228-233.

陈新军，刘必林，王尧耕. 2009. 世界头足类[M]. 北京：海洋出版社.

陈新军，马金，刘必林，等. 2011. 基于耳石微结构的西北太平洋柔鱼群体结构、年龄与生长的研究[J]. 水产学报，35(8)：1191-1198.

陈新军，李建华，刘必林，等. 2012a. 东太平洋不同海区茎柔鱼渔业生物学的初步研究[J]. 上海海洋大学学报，21(02)：280-287.

陈新军，李建华，易倩，等. 2012b. 东太平洋赤道附近海域茎柔鱼(*Dosidicus gigas*)渔业生物学的初步研究[J]. 海洋与湖沼，43(6)：1233-1238.

陈新军，赵小虎. 2006. 秘鲁外海茎柔鱼产量分布及其与表温关系的初步研究[J]. 上海水产大学学报，15(01)：65-70.

董正之. 1984. 抹香鲸的食物及其捕食习性[J]. 水产学报，4：327-332.

方舟，陈新军，陆化杰，等. 2012. 阿根廷滑柔鱼两个群体间耳石和角质颚的形态差异[J]. 生态学报，32(19)：5986-5997.

方舟，陈新军，李建华. 2013. 西南大西洋公海阿根廷滑柔鱼角质颚色素变化分析[J]. 水产学报，37(2)：010.

方舟，陈新军，陆化杰，等. 2014a. 北太平洋两个柔鱼群体角质颚形态及生长特征[J]. 生态学报，34(19)：5405-5415.

方舟，陈新军，陆化杰，等. 2014b. 头足类角质颚研究进展Ⅰ——形态、结构与生长[J]. 海洋渔业，36(1)：78-89.

贡艺，陈新军，高春霞，等. 2014. 脂类抽提对北太平洋柔鱼肌肉碳、氮稳定同位素测定结果的影响[J]. 应用生态学报，11：3349-3356.

郭旭鹏，李忠义，金显仕，等. 2007. 采用碳氮稳定同位素技术对黄海中南部鳀鱼食性的研究[J]. 海洋学报(中文版)，29(2)：98-104.

胡贯宇，陈新军，刘必林，等. 2015. 茎柔鱼耳石和角质颚微结构及轮纹判读[J]. 水产学报，39(03)：361-370.

贾涛，李纲，陈新军，等. 2010. 9—10月秘鲁外海茎柔鱼摄食习性的初步研究[J]. 上海海洋大学学报，19(05)：663-667.

金岳，陈新军，李云凯，等. 2014. 基于稳定同位素技术的北太平洋柔鱼角质颚信息[J]. 生态学杂志，33(08)：2101-2107.

李纲，贾涛，刘必林，等. 2011. 哥斯达黎加外海茎柔鱼生物学特性初步研究[J]. 上海海洋大学学报，20(02)：270-274.

李红燕. 2004. 稳定碳、氮同位素在生态系统中的应用研究——以无定河、黄东海生态系统为例[D]. 青岛：中国海洋大学.

李建华，陈新军，方舟. 2013. 哥斯达黎加海域茎柔鱼角质颚稳定同位素研究[J]. 上海海洋大学学报，22(06)：936-943.

李建华，陈新军，刘必林，等. 2013. 哥斯达黎加外海茎柔鱼耳石的微量元素[J]. 水产学报，37(04)：502-511.

李云凯，贡艺. 2014a. 基于碳、氮稳定同位素技术的东太湖水生食物网结构[J]. 生态学杂志，33(6)：1534-1538.

李云凯，贡艺，陈新军. 2014b. 稳定同位素技术在头足类摄食生态学研究中的应用[J]. 应用生态学报，25(5)：1541-1546.

刘必林. 2012. 东太平洋茎柔鱼生活史过程的研究[D]. 上海：上海海洋大学博士学位论文.

刘必林，陈新军. 2009. 头足类角质颚的研究进展[J]. 水产学报，33(1)：157-164.

刘必林，陈新军. 2010. 头足类贝壳研究进展[J]. 海洋渔业，32(03)：332-339.

刘必林，陈新军，李建华. 2015. 内壳在头足类年龄与生长研究中的应用进展[J]. 海洋渔业，37(01)：68-76.

刘必林，陈新军，钱卫国，等. 2010. 智利外海茎柔鱼繁殖生物学初步研究[J]. 上海海洋大学学报，19(1)：68-73.

刘连为，许强华，陈新军，等. 2013. 基于线粒体 DNA 分子标记的东太平洋茎柔鱼群体遗传多样性比较分析[J]. 水产学报，37(11)：1618-1625.

陆化杰，陈新军. 2012. 利用耳石微结构研究西南大西洋阿根廷滑柔鱼的日龄、生长与种群结构[J]. 水产学报，36(7)：1049-1056.

陆化杰，陈新军，方舟. 2012. 西南大西洋阿根廷滑柔鱼 2 个不同产卵群间角质颚外形生长特性比较[J]. 中国海洋大学学报：自然科学版，42(10)：33-40.

陆化杰，陈新军，刘必林. 2013. 个体差异对西南大西洋阿根廷滑柔鱼角质颚外部形态变化的影响[J]. 水产学报，37(7)：1040-1049.

陆化杰，刘必林，陈新军，等. 2013. 智利外海茎柔鱼耳石微量元素研究[J]. 海洋渔业，35(03)：269-277.

马金，陈新军，刘必林，等. 2009. 环境对头足类耳石微结构的影响研究进展[J]. 上海海洋大学学报，18(05)：616-622.

汪金涛. 2014. 基于神经网络的东南太平洋茎柔鱼渔场预报模型的建立及解释[J]. 海洋渔业，36(2)：131.

汪金涛，陈新军，高峰，等. 2014. 基于环境因子的东南太平洋茎柔鱼资源补充量预报模型研究[J]. 海洋与湖沼，45(6)：1185-1191.

王晓华. 2012. 金乌贼角质颚、内壳与生长的关系及染色体研究[D]. 青岛：中国海洋大学硕士学位论文.

王尧耕，陈新军. 2005. 世界大洋性经济柔鱼类资源及其渔业[M]. 北京：海洋出版社.

徐冰. 2012. 秘鲁外海茎柔鱼渔场时空分布及资源补充量与环境的关系[D]. 上海：上海海洋大学硕士学位论文.

徐冰，陈新军，田思泉，等. 2012. 厄尔尼诺和拉尼娜事件对秘鲁外海茎柔鱼渔场分布的影响[J]. 水产学报，36(05)：696-707.

叶旭昌. 2002. 2001年秘鲁外海和哥斯达黎加外海茎柔鱼探捕结果及其分析[J]. 海洋渔业，24(4)：165-168.

叶旭昌，陈新军. 2007. 秘鲁外海茎柔鱼胴长组成及性成熟初步研究[J]. 上海水产大学学报，16(04)：347-350.

易倩，陈新军，贾涛，等. 2012a. 东太平洋茎柔鱼耳石形态差异性分析[J]. 水产学报，36(1)：55-63.

易倩，陈新军，贾涛，等. 2012b. 基于外部形态特征的东南太平洋茎柔鱼种群结构研究[J]. 海洋湖沼通报，(04)：96-103.

Alegre A，Menard F，Tafur R，et al. 2014. Comprehensive model of jumbo squid *Dosidicus gigas* trophic ecology in the Northern Humboldt current system[J]. PloS one，9(1)：11.

Arbuckle N S M，Wormuth J H. 2014. Trace elemental patterns in Humboldt squid statoliths from three geographic regions[J]. Hydrobiologia，725(1)：115-123.

Argüelles J，Lorrain A，Cherel Y，et al. 2012. Tracking habitat and resource use for the jumbo squid *Dosidicus gigas*：a stable isotope analysis in the Northern Humboldt current system[J]. Marine Biology，159(9)：2105-2116.

Argüelles J，Rodhouse P，Villegas P，et al. 2001. Age，growth and population structure of the jumbo flying squid *Dosidicus gigas* in Peruvian waters[J]. Fisheries Research，54(1)：51-61.

Arkhipkin A. 2005. Statoliths as 'black boxes' (life recorders) in squid[J]. Marine and Freshwater Research，56(5)：573-583.

Arkhipkin A，Argüelles J，Shcherbich Z，et al. 2014. Ambient temperature influences adult size and life span in jumbo squid(*Dosidicus gigas*)[J]. Canadian Journal of Fisheries and Aquatic Sciences，72(3)：400-409.

Arkhipkin A，Bizikov V. 1998，Statolith in accelerometers of squid and cuttlefish[J]. Ruthenica，8(1)：81-84.

Arkhipkin A，Campana S E，FitzGerald J，et al. 2004. Spatial and temporal variation in elemental signatures of statoliths from the Patagonian longfin squid(*Loligo gahi*)[J]. Canadian Journal of Fisheries and Aquatic Sciences，61(7)：1212-1224.

Arkhipkin A，Mikheev A. 1992. Age and growth of the squid *Sthenoteuthis pteropus* (Oegopsida：Ommastrephidae) from the Central-East Atlantic[J]. Journal of Experimental Marine Biology and Ecology，163(2)：261-276.

Arkhipkin A，Murzov S. 1986. Age and growth patterns of *Dosidicus gigas* (Ommastrephidae)[J]. Present state of fishery for squids and prospects of its development VNIRO Press，Moscow，107-123.

Arkhipkin A，Jereb P，Ragonese S. 2000. Growth and maturation in two successive seasonal groups of the short-finned squid，*Illex coindetii* from the Strait of Sicily(central Mediterranean)[J]. ICES Journal of Marine Science：Journal du Conseil，57(1)：31-41.

Bazzino G，Gilly W F，Markaida U，et al. 2010. Horizontal movements，vertical-habitat utilization and diet of the jumbo squid(*Dosidicus gigas*) in the Pacific Ocean off Baja California Sur，Mexico[J]. Progress in Oceanography，86(1)：59-71.

Bearhop S，Adams C E，Waldron S，et al. 2004. Determining trophic niche width：a novel approach using stable isotope analysis[J]. Journal of Animal Ecology, 73(5): 1007-1012.

Beck J W, Edwards R L, Ito E, et al. 1992. Sea-surface temperature from coral skeletal strontium/calcium ratios[J]. Science, 257(5070): 644-647.

Becker B J, Fodrie F J, McMillan P A, et al. 2005. Spatial and temporal variation in trace elemental fingerprints of mytilid mussel shells: a precursor to invertebrate larval tracking[J]. Limnology and Oceanography, 50(1): 48-61.

Bertrand A, Ballon M, Chaigneau A. 2010. Acoustic observation of living organisms reveals the upper limit of the oxygen minimum zone[J]. PloS one, 5(4): e10330.

Bettencourt V, Guerra A. 1999. Carbon-and oxygen-isotope composition of the cuttlebone of *Sepia officinalis*: a tool for predicting ecological information? [J]. Marine Biology, 133(4): 651-657.

Bettencourt V, Guerra A. 2000. Growth increments and biomineralization process in cephalopod statoliths [J]. Journal of experimental marine biology and ecology, 248(2): 191-205.

Bolstad K. 2006. Sexual dimorphism in the beaks of *Moroteuthis ingens* Smith, 1881 (Cephalopoda: Oegopsida: Onychoteuthidae)[J]. New Zealand Journal of Zoology, 33(4): 317-327.

Brunetti N, Ivanovic M. 1997. Description of *Illex argentinus* beaks and rostral length relationships with size and weight of squids[J]. Revista de Investigación y Desarrollo Pesquero, 11: 135-144.

Campana S E. 1999. Chemistry and composition of fish otoliths: pathways, mechanisms and applications [J]. Marine ecology Progress series, 188: 263-297.

Canali E, Ponte G, Belcari P, et al. 2011. Evaluating age in *Octopus vulgaris*: estimation, validation and seasonal differences[J]. Marine Ecology Progress Series, 441: 141-149.

Carlisle A B, Kim S L, Semmens B X, et al. 2012. Using stable isotope analysis to understand the migration and trophic ecology of northeastern Pacific white sharks (*Carcharodon carcharias*) [J]. PloS one, 7 (2): e30492.

Castanhari G, Tomás A R G. 2012. Beak increment counts as a tool for growth studies of the common octopus *Octopus vulgaris* in southern Brazil[J]. Bol Inst Pesca, São Paulo, 38(4): 323-331.

Castro J J, Hernańdez-García V. 1995. Ontogenetic changes in mouth structures, foraging behaviour and habitat use of *Scomber japonicus* and *Illex coindetii*[J]. Scientia Marina(Espana), 59(3-4): 347-355.

Chan L, Drummond D, Edmond J, et al. 1977. On the barium data from the Atlantic Geosecs expedition [J]. Deep Sea Research, 24(7): 613-649.

Chen X J, Lu H J, Liu B L, et al. 2013. Age, growth and population structure of jumbo flying squid, *Dosidicus gigas*, off the Costa Rica Dome[J]. Journal of the Marine Biological Association of the United Kingdom, 93(02): 567-573.

Chen X J, Lu H J, Liu B L, et al. 2011. Age, growth and population structure of jumbo flying squid, *Dosidicus gigas*, based on statolith microstructure off the Exclusive Economic Zone of Chilean waters[J]. Journal of the Marine Biological Association of the United Kingdom, 91(01): 229-235.

Cherel Y, Fontaine C, Jackson G D, et al. 2009. Tissue, ontogenic and sex-related differences in $\delta^{13}C$ and $\delta^{15}N$ values of the oceanic squid *Todarodes filippovae* (Cephalopoda: Ommastrephidae) [J]. Marine Biology, 156(4): 699-708.

Cherel Y, Hobson K. 2005. Stable isotopes, beaks and predators: a new tool to study the trophic ecology of cephalopods, including giant and colossal squids[J]. Proceedings Biological sciences / The Royal Society, 272(1572): 1601-1607.

Cherel Y, Hobson K. 2007. Geographical variation in carbon stable isotope signatures of marine predators: a tool to investigate their foraging areas in the Southern Ocean[J]. Marine Ecology Progress Series, 329 (12): 281-287.

Cherel Y, Kernaléguen L, Richard P, et al. 2009. Whisker isotopic signature depicts migration patterns and multi-year intra-and inter-individual foraging strategies in fur seals [J]. Biology Letters, 5 (6): 830-832.

Cherel Y, Ridoux V, Spitz J, et al. 2009. Stable isotopes document the trophic structure of a deep-sea cephalopod assemblage including giant octopod and giant squid[J]. Biology letters,: rsbl. 2009. 0024.

Chikaraishi Y, Ogawa N. 2009. Determination of aquatic food-web structure based on compound-specific nitrogen isotopic composition of amino acids[J]. Limnology and oceanography, 7(6): 740-750.

Clarke M R. 1962. The identification of cephalopod "beaks" and the relationship between beak size and total body weight[J]. Bull Brit Mus Zool, 8(10): 421-480.

Clarke M R. 1978. The cephalopod statolithan-introduction to its form[J]. Journal of the Marine Biological Association of the United Kingdom, 58(03): 701-712.

Clarke M R. 1996. Cephalopods as Prey. III. Cetaceans [J]. Philosophical Transactions: Biological Sciences, 351(1343): 1053-1065.

Clarke R, Paliza O. 2001. The food of sperm whales in the Southeast Pacific[J]. Marine Mammal Science, 17(2): 427-429.

Connan M, McQuaid C D, Bonnevie B T, et al. 2014. Combined stomach content, lipid and stable isotope analyses reveal spatial and trophic partitioning among three sympatric albatrosses from the Southern Ocean [J]. Marine Ecology Progress Series, 497: 259-272.

Dei Becchi S A D C, Di S. 2011. On the growth rings on *Histioteuthis bonnellii* (Férussac, 1835) upper beaks[J]. Biol Mar Mediterr, 18(1): 124-127.

DI B, R S, JA F, et al. 2003. The ecology of individuals: incidence and implications of individual specialization[J]. American Naturalist, 161(1): 1-28.

Dilly P. 1976. The structure of some cephalopod statoliths[J]. Cell and tissue research, 175(2): 147-163.

Dilly P, Nixon M. 1976. The cells that secrete the beaks in octopods and squids(Mollusca, Cephalopoda) [J]. Cell and tissue research, 167(2): 229-241.

Ehrhardt N M. 1991. Potential impact of a seasonal migratory jumbo squid(*Dosidicus gigas*) stock on a Gulf of California sardine(Sardinops sagax caerulea) population[J]. Bulletin of Marine Science, 49(1-2): 325-332.

Fang Z, Liu B, Li J, et al. 2014. Stock identification of neon flying squid(*Ommastrephes bartramii*) in the North Pacific Ocean on the basis of beak and statolith morphology[J]. Scientia Marina, 78(2): 239-248.

FAO. 2014. Yearbook of Fisheries Statistics[M]. Rome, Italy: Food and Agricultural Organization of the United Nations.

Field J, Baltz K, Phillips A, et al. 2007. Range expansion and trophic interactions of the jumbo squid, *Dosidicus gigas*, in the California Current[J]. California Cooperative Oceanic Fisheries Investigations Report, 48(6): 131-146.

Field J C, Elliger C, Baltz K, et al. 2013. Foraging ecology and movement patterns of jumbo squid (*Dosidicus gigas*) in the California Current System[J]. Deep Sea Research Part II: Topical Studies in Oceanography, 95(6): 37-51.

Franco-Santos R, Vidal E. 2014. Beak development of early squid paralarvae (Cephalopoda: Teuthoidea) may reflect an adaptation to a specialized feeding mode[J]. Hydrobiologia, 725(1): 85-103.

Fry B, Smith T J. 2002. Stable isotope studies of red mangroves and filter feeders from the Shark River estuary, Florida[J]. Bulletin of Marine Science, 70(3): 871-890.

Gannes L Z, O'Brien D M, del Rio C M. 1997. Stable isotopes in animal ecology: assumptions, caveats, and a call for more laboratory experiments[J]. Ecology, 78(4): 1271-1276.

Gillanders B. 2002. Connectivity between juvenile and adult fish populations: do adults remain near their recruitment estuaries? [J]. Marine Ecology-Progress Series, 240: 215-223.

Gilly W, Markaida U, Baxter C, et al. 2006. Vertical and horizontal migrations by the jumbo squid *Dosidicus gigas* revealed by electronic tagging[J]. Marine Ecology Progress Series, 324: 1-17.

Green C P, Robertson S G, Hamer P A, et al. 2015. Combining statolith element composition and Fourier shape data allows discrimination of spatial and temporal stock structure of arrow squid (*Nototodarus gouldi*)[J]. Canadian Journal of Fisheries and Aquatic Sciences, 72(11): 1609-1618.

GroÈger J, Piatkowski U, Heinemann H. 2000. Beak length analysis of the Southern Ocean squid *Psychroteuthis glacialis* (Cephalopoda: Psychroteuthidae) and its use for size and biomass estimation[J]. Polar Biology, 23(1): 70-74.

Guerra A, Rodriguez-Navarro A B, Gonzalez A F, et al. 2010. Life-history traits of the giant squid *Architeuthis dux* revealed from stable isotope signatures recorded in beaks[J]. ICES J Mar Sci, 67(7): 1425-1431.

Hammerschlag-Peyer C M, Yeager L A, Araujo M S, et al. 2011. A hypothesis-testing framework for studies investigating ontogenetic niche shifts using stable isotope ratios[J]. PloS one, 6(11): e27104.

Hannides C C S, Popp B N, Landry M R, et al. 2009. Quantification of zooplankton trophic position in the North Pacific Subtropical Gyre using stable nitrogen isotopes[J]. Limnologyand Oceanograhy, 54(1): 50-61.

Hernańdez-García V. 1995. Contribución al conocimiento bioecológico de la familia Ommastrephidae Steenstrup, 1857 en el Atlántico Centro-Oriental[J]. Contribución al conocimiento bioecológico de la familia Ommastrephidae Steenstrup, 1857 en el Atlántico Centro-Oriental.

Hernańdez-García V. 2003. Growth and pigmentation process of the beaks of *Todaropsis eblanae* (Cephalopoda: Ommastrephidae)[J]. Berliner Palaobiol Abh, Berlin, 3: 131-140.

Hernańdez-García V, Piatkowski U, Clarke M. 1998. Development of the darkening of *Todarodes sagittatus* beaks and its relation to growth and reproduction[J]. South African Journal of Marine Science, 20(1): 363-373.

Hernández-López J L, Castro-Hernández J J, Hernańdez-García V. 2001. Age determined from the daily deposition of concentric rings on common octopus (*Octopus vulgaris*) beaks[J]. Fishery Bulletin-National Oceanic and Atmospheric Administration, 99(4): 679-684.

Hobson K A, Cherel Y. 2006. Isotopic reconstruction of marine food webs using cephalopod beaks: new insight from captively raised *Sepia officinalis*[J]. Canadian Journal of Zoology, 84(5): 766-770.

Hobson K A, Wassenaar L I. 1996. Linking breeding and wintering grounds of neotropical migrant songbirds using stable hydrogen isotopic analysis of feathers[J]. Oecologia, 109(1): 142-148.

Hu Z, Gao S, Liu Y, et al. 2008. Signal enhancement in laser ablation ICP-MS by addition of nitrogen in the central channel gas[J]. Journal of Analytical Atomic Spectrometry, 23(8): 1093-1101.

Hunt S, Nixon M. 1981. A comparative study of protein composition in the chitin-protein complexes of the beak, pen, sucker disc, radula and oesophageal cuticle of cephalopods[J]. Comparative Biochemistry and Physiology Part B: Comparative Biochemistry, 68(4): 535-546.

Hurley G V, Odense P H, O'Dor R K, et al. 1985. Strontium labelling for verifying daily growth increments in the statolith of the short-finned squid(*Illex illecebrosus*)[J]. Canadian Journal of Fisheries and Aquatic Sciences, 42(2): 380-383.

Ibanez C M, Arancibia H, Cubillos L A. 2008. Biases in determining the diet of jumbo squid *Dosidicus gigas*(D'Orbigny 1835)(Cephalopoda: Ommastrephidae) off southern-central Chile (34 degrees S-40 degrees S)[J]. Helgoland Marine Research, 62(4): 331-338.

Ibáñez C M, Keyl F. 2009. Cannibalism in cephalopods[J]. Reviews in Fish Biology and Fisheries, 20(1): 123-136.

Ichihashi H, Kohno H, Kannan K, et al. 2001. Multielemental analysis of purpleback flying squid using high resolution inductively coupled plasma-mass spectrometry(HR ICP-MS)[J]. Environmental science & technology, 35(15): 3103-3108.

Ikeda Y, Arai N, Sakamoto W, et al. 1998. Microchemistry of the statoliths of the Japanese common squid *Todarodes pacificus* with Special reference to its relation to the vertical temperature profiles of squid habitat[J]. Fisheries science, 64(2): 179-184.

Ikeda Y, Okazaki J, Sakurai Y, et al. 2002. Periodic variation in Sr/Ca ratios in statoliths of the Japanese Common Squid *Todarodes pacificus* Steenstrup, 1880(Cephalopoda: Ommastrephidae)maintained under constant water temperature[J]. Journal of experimental marine biology and ecology, 273(2): 161-170.

Ikeda Y, Yatsu A, Arai N, et al. 2002. Concentration of statolith trace elements in the jumbo flying squid during El Niño and non-El Niño years in the eastern Pacific[J]. Journal of the Marine Biological Association of the UK, 82(05): 863-866.

Jackson G D. 1994. Application and future potential of statolith increment analysis in squids and sepioids [J]. Canadian Journal of Fisheries and Aquatic Sciences, 51(11): 2612-2625.

Jackson G D. 1995. The use of beaks as tools for biomass estimation in the deepwater squid Moroteuthis ingens(Cephalopoda: Onychoteuthidae)in New Zealand waters[J]. Polar Biology, 15(1): 9-14.

Jackson G D, Alford R A, Choat J H. 2000. Can length frequency analysis be used to determine squid growth? An assessment of ELEFAN[J]. ICES Journal of Marine Science: Journal du Conseil, 57(4): 948-954.

Jackson G D, Buxton N G, George M J. 1997. Beak length analysis of *Moroteuthis ingens*(Cephalopoda: Onychoteuthidae)from the Falkland Islands region of the Patagonian shelf[J]. J Mar Biol Ass UK, 77: 1235-1238.

Jackson G D, Choat J H. 1992. Growth in tropical cephalopods: an analysis based on statolith microstructure[J]. Canadian Journal of Fisheries and Aquatic Sciences, 49(2): 218-228.

Jackson G D, McKinnon J F. 1996. Beak length analysis of arrow squid *Nototodarus sloanii* (Cephalopoda: Ommastrephidae) in southern New Zealand waters[J]. Polar biology, 16(3): 227-230.

Kashiwada J, Recksiek C W, Karpov K. 1979. Beaks of the market squid, *Loligo opalescens*, as tools for predator studies[J]. CalCOFI, 20: 65-69.

Keyl F, Argüelles J, Mariátegui L, et al. 2008. A hypothesis on range expansion and spatio-temporal shifts in size-at-maturity of jumbo squid (*Dosidicus gigas*) in the Eastern Pacific Ocean[J]. CalCOFI Report, 49: 119-128.

Klages N, Cooper J. 1997. Diet of the Atlantic petrel Pterodroma incerta during breeding at South Atlantic Gough Island[J]. Marine Ornithology, 25(1-2): 13-16.

Kumar M, Raghuwanshi N, Singh R, et al. 2002. Estimating evapotranspiration using artificial neural network[J]. Journal of Irrigation and Drainage Engineering, 128(4): 224-233.

Lalas C. 2009. Estimates of size for the large octopus *Macroctopus maorum* from measures of beaks in prey remains[J]. New Zealand Journal of Marine and Freshwater Research, 43(2): 635-642.

Landman N H, Cochran J K, Cerrato R, et al. 2004. Habitat and age of the giant squid (*Architeuthis sanctipauli*) inferred from isotopic analyses[J]. Marine Biology, 144(4): 685-691.

Lea D W, Shen G T, Boyle E A. 1989. Coralline barium records temporal variability in equatorial Pacific upwelling[J]. Nature, 340(6232): 373-376.

Lefkaditou E, Bekas P. 2004. Analysis of beak morphometry of the horned octopus *Eledone cirrhosa* (Cephalopoda: Octopoda) in the Thracian Sea (NE Mediterranean)[J]. Mediterranean Marine Science, 5(1): 143-150.

Lipiński M. 1979. The information concerning current research upon ageing procedure of squids[J]. ICNAF Working Paper, 40: 4.

Lipiński M. 1986. Methods for the validation of squid age from statoliths[J]. Journal of the Marine Biological Association of the United Kingdom, 66(02): 505-526.

Lipiński M. 1993. The deposition of statoliths: a working hypothesis[J]. Recent advances in cephalopod fisheries biology Tokai University Press, Tokyo, 241-262.

Lipiński M, Underhill L. 1995. Sexual maturation in squid: quantum or continuum? [J]. South African Journal of Marine Science, 15(1): 207-223.

Liu B L, Chen Y, Chen X J. 2015. Spatial difference in elemental signatures within early ontogenetic statolith for identifying Jumbo flying squid natal origins[J]. Fisheries Oceanography, 24(4): 335-346.

Liu B L, Chen X J, Lu H J, et al. 2010. Fishery biology of the jumbo flying squid *Dosidicus gigas* off the exclusive economic zone of Chilean waters[J]. Scientia Marina, 74(4): 687-695.

Liu B L, Chen X J, Chen Y, et al. 2011. Trace elements in the statoliths of jumbo flying squid off the Exclusive Economic Zones of Chile and Peru[J]. Marine Ecology-Progress Series, 429: 93.

Liu B L, Chen X J, Chen Y, et al. 2013a. Age, maturation, and population structure of the Humboldt squid *Dosidicus gigas* off the Peruvian Exclusive Economic Zones[J]. Chinese Journal of Oceanology and Limnology, 31: 81-91.

Liu B L, Chen X J, Chen Y, et al. 2013b. Geographic variation in statolith trace elements of the

Humboldt squid, *Dosidicus gigas*, in high seas of Eastern Pacific Ocean[J]. Marine biology, 160 (11): 2853-2862.

Liu B L, Chen X C, Chen Y C, et al. 2013c. Age, maturation, and population structure of the Humboldt squid *Dosidicus gigas* off the Peruvian Exclusive Economic Zones[J]. Chinese Journal of Oceanology and Limnology, 31(1): 81-91.

Liu B L, Chen X J, Chen Y, et al. 2015a. Determination of squid age using upper beak rostrum sections: technique improvement and comparison with the statolith[J]. Marine Biology, 162(8): 1685-1693.

Liu B L, Chen X J, Fang Z, et al. 2015b. A preliminary analysis of trace-elemental signatures in statoliths of different spawning cohorts for *Dosidicus gigas* off EEZ waters of Chile[J]. Journal of Ocean University of China, 14(6): 1059-1067.

Liu B L, Fang Z, Chen X J, et al. 2015c. Spatial variations in beak structure to identify potentially geographic populations of *Dosidicus gigas* in the Eastern Pacific Ocean[J]. Fisheries Research, 164: 185-192.

Liu Y, Hu Z, Gao S, et al. 2008. In situ analysis of major and trace elements of anhydrous minerals by LA-ICP-MS without applying an internal standard[J]. Chemical Geology, 257(1): 34-43.

Logan J M, Lutcavage M E. 2013. Assessment of trophic dynamics of cephalopods and large pelagic fishes in the central North Atlantic Ocean using stable isotope analysis[J]. Deep Sea Research Part II: Topical Studies in Oceanography, 95: 63-73.

Lorrain A, Arguelles J, Alegre A, et al. 2011. Sequential isotopic signature along gladius highlights contrasted individual Foraging strategies of jumbo squid(*Dosidicus gigas*)[J]. PloS one, 6(7): 6.

Lu C, Ickeringill R. 2002. Cephalopod beak identification and biomass estimation techniques: tools for dietary studies of southern Australian finfishes[J]. Museum Victoria Science Reports, 6: 1-65.

Lukeneder A, Harzhauser M, Müllegger S, et al. 2008. Stable isotopes($\delta^{18}O$ and $\delta^{13}C$)in *Spirula spirula* shells from three major oceans indicate developmental changes paralleling depth distributions[J]. Marine Biology, 154(1): 175-182.

Markaida U. 2006. Population structure and reproductive biology of jumbo squid *Dosidicus gigas* from the Gulf of California after the 1997-1998 El Niño event[J]. Fisheries Research, 79(1): 28-37.

Markaida U, Quiñónez-Velázquez C, Sosa-Nishizaki O. 2004. Age, growth and maturation of jumbo squid *Dosidicus gigas* (Cephalopoda: Ommastrephidae) from the Gulf of California, Mexico[J]. Fisheries Research, 66(1): 31-47.

Markaida U, Sosa-Nishizaki O. 2001. Reproductive biology of jumbo squid *Dosidicus gigas* in the Gulf of California, 1995-1997[J]. Fisheries Research, 54(1): 63-82.

Masuda S. 1998. Growth and population structure of *Dosidicus gigas* in the Southeastern Pacific Ocean[J]. Large Pelagic Squids, 107-118.

McClelland J W, Montoya J P. 2002. Trophic relationships and the nitrogen isotopic composition of amino acids in plankton[J]. Ecology, 83(8): 2173-2180.

McLaughlin P I, Emsbo P, Brett C E. 2012. Beyond black shales: the sedimentary and stable isotope records of oceanic anoxic events in a dominantly oxic basin(Silurian; Appalachian Basin, USA)[J]. Palaeogeography, Palaeoclimatology, Palaeoecology, 367: 153-177.

Mejia-Rebollo A, Quiñónez-Velázquez C, Salinas-Zavala C A, et al. 2008. Age, growth and maturity of jumbo squid(*Dosidicus gigas* d' Orbigny, 1835)off the western coast of the Baja California Peninsula[J]. CalCOFI Rep, 49: 256-262.

Mendes S, Newton J, Reid R J, et al. 2007. Stable carbon and nitrogen isotope ratio profiling of sperm whale teeth reveals ontogenetic movements and trophic ecology[J]. Oecologia, 151(4): 605-615.

Minagawa M, Wada E. 1984. Stepwise enrichment of $^{15}N$ along food chains: Further evidence and the relation between $\delta^{15}N$ and animal age[J]. Geochimica et Cosmochimica Acta, 48(5): 1135-1140.

Miserez A, Li Y, Waite J H, et al. 2007. Jumbo squid beaks: inspiration for design of robust organic composites[J]. Acta Biomaterialia, 3(1): 139-149.

Morales-Bojórquez E, Cisneros-Mata M A, Nevárez-Martí M O. 2001. Review of stock assessment and fishery biology of *Dosidicus gigas* in the Gulf of California, Mexico [J]. Fisheries Research, 54 (1): 83-94.

Morris C C. 1991. Statocyst fluid composition and its effects on calcium carbonate precipitation in the squid *Alloteuthis subulata* (Lamarck, 1798): towards a model for biomineralization [J]. Bulletin of marine science, 49(1-2): 379-388.

Nakamura Y, Sakurai Y. 1991. Validation of daily growth increments in statoliths of Japanese common squid *Todarodes pacificus* [J]. Bulletin of the Japanese Society of Scientific Fisheries (Japan), 57 (11): 2007-2011.

Naqvi S, Jayakumar D, Narvekar P, et al. 2000. Increased marine production of $N_2O$ due to intensifying anoxia on the Indian continental shelf[J]. Nature, 408(6810): 346-349.

Nesis K. 1970. Biology of the Peru-Chilean giant squid, *Dosidicus gigas*[J]. Okeanology, 10: 140-152.

Nesis K. 1983. *Dosidicus gigas*[J]. Cephalopod life cycles, 1: 215-231.

Nigmatullin C M, Nesis K N, Arkhipkin A I. 2001. A review of the biology of the jumbo squid *Dosidicus Gigas*(Cephalopoda: Ommastrephidae)[J]. Fisheries Research, 54(1): 9-19.

Ñiquen M, Bouchon M, Cahuin S, et al. 2014. Efectos del Fenómeno "El Niño 1997-98" sobre los principales recursos pelágicos en la costa Perúana[J]. Revista Peruana de Biología, 6(3): 85-96.

Odense P. 1985. Validation and application of an ageing technique for short-finned squid(*Illex illecebrosus*) [J]. Journal of Northwest Atlantic Fishery Science, 6: 107-116.

O'dor R, Balch N. 1985. Properties of *Illex illecebrosus* egg masses potentially influencing larval oceanographic distribution[J]. NAFO Sci Coun Studies, 9: 69-76.

Özesmi S L, Özesmi U. 1999. An artificial neural network approach to spatial habitat modelling with interspecific interaction[J]. Ecological modelling, 116(1): 15-31.

Parry M. 2007. Trophic variation with length in two ommastrephid squids, *Ommastrephes bartramii* and *Sthenoteuthis oualaniensis*[J]. Marine Biology, 153(3): 249-256.

Paulmier A, Ruiz-Pino D. 2009. Oxygen minimum zones (OMZs) in the modern ocean [J]. Progress in Oceanography, 80(3): 113-128.

Perales-Raya C, Almansa E, Bartolomé A, et al. 2014. Age validation in *Octopus vulgaris* beaks across the full ontogenetic range: beaks as recorders of life events in octopuses[J]. Journal of Shellfish Research, 33(2): 481-493.

Perales-Raya C, Bartolomé A, Hernańdez-García-Santamaría M T, et al. 2010. Age estimation obtained from analysis of octopus (*Octopus vulgaris* Cuvier, 1797) beaks: improvements and comparisons [J]. Fisheries Research, 106(2): 171-176.

Perales-Raya C, Jurado-Ruzafa A, Bartolomé A, et al. 2014. Age of spent *Octopus vulgaris* and stress mark analysis using beaks of wild individuals[J]. Hydrobiologia, 725(1): 105-114.

Perez J A A, O'Dor R K, Beck P, et al. 1996. Evaluation of gladius dorsal surface structure for age and growth studies of the short-finned squid, *Illex illecebrosus* (Teuthoidea: Ommastrephidae) [J]. Canadian Journal of Fisheries and Aquatic Sciences, 53(12): 2837-2846.

Perez J A A, de Aguiar D C, dos Santos J A T. 2006. Gladius and statolith as tools for age and growth studies of the squid *Loligo plei* (Teuthida: Loliginidae) off southern Brazil[J]. Braz Arch Biol Technol, 49(5): 747-755.

Piatkowski U, Pütz K, Heinemann H. 2001. Cephalopod prey of king penguins (Aptenodytes patagonicus) breeding at Volunteer Beach, Falkland Islands, during austral winter 1996[J]. Fisheries Research, 52 (1): 79-90.

Post D M. 2002. Using stable isotopes to estimate trophic position: models, methods, and assumptions [J]. Ecology, 83(3): 703-718.

Post D M, Pace M L, Hairston N G. 2000. Ecosystem size determines food-chain length in lakes[J]. Nature, 405(6790): 1047-1049.

Rau G, Sweeney R, Kaplan I. 1982. Plankton $^{13}C:^{12}C$ ratio changes with latitude: differences between northern and southern oceans [J]. Deep Sea Research Part A Oceanographic Research Papers, 29 (8): 1035-1039.

Raya C, Hernández-González C. 1998. Growth lines within the beak microstructure of the octopus *Octopus vulgaris* Cuvier, 1797[J]. South African Journal of Marine Science, 20(1): 135-142.

Rodhouse P G, Nigmatullin C M. 1996. Role as consumers[J]. Philosophical Transactions of the Royal Society of London Series B-Biological Sciences, 351(1343): 1003-1022.

Rodríguez-Navarro A G A, Romanek C S, et al. 2006. Life history of the giant squid Architeuthis as revealed from stable isotope and trace elements signatures recorded in its beak[C] //Cephalopod life cycle, Cephalopod International Advisory Council Symposium 2006, Hotel Grand Cha ncellor, Hobart, Tasmania: 97.

Roper C F, Young R E. 1975. Vertical distribution of pelagic cephalopods[M]. Washington: Smithsonian Institution Press.

Rounick J, Winterbourn M. 1986. Stable carbon isotopes and carbon flow in ecosystems[J]. BioScience, 36(3): 171-177.

Ruiz-Cooley R I, Markaida U, Gendron D, et al. 2006. Stable isotopes in jumbo squid (*Dosidicus gigas*) beaks to estimate its trophic position: comparison between stomach contents and stable isotopes [J]. Journal of the Marine Biological Association of the United Kingdom, 86(2): 437-445.

Ruiz-Cooley R I, Villa E C, Gould W R. 2010. Ontogenetic variation of $\delta^{13}C$ and $\delta^{15}N$ recorded in the gladius of the jumbo squid *Dosidicus gigas*: geographic differences[J]. Marine Ecology Progress Series, 399: 187-198.

Ruiz-Cooley R I, Engelhaupt D T, Ortega-Ortiz J G. 2011. Contrasting C and N isotope ratios from sperm whale skin and squid between the Gulf of Mexico and Gulf of California: effect of habitat[J]. Marine Biology, 159(1): 151-164.

Ruiz-Cooley R, Gerrodette T. 2012. Tracking large-scale latitudinal patterns of $\delta^{13}C$ and $\delta^{15}N$ along the E Pacific using epi-mesopelagic squid as indicators[J]. Ecosphere, 3(7): art63.

Ruiz-Cooley R I, Ballance L T, McCarthy M D. 2013. Range expansion of the jumbo squid in the NE Pacific: $\delta^{15}N$ decrypts multiple origins, migration and habitat use[J]. PloS one, 8(3): e59651.

Sandoval-Castellanos E, Uribe-Alcocer M, Díaz-Jaimes P. 2007. Population genetic structure of jumbo squid(*Dosidicus gigas*)evaluated by RAPD analysis[J]. Fisheries Research, 83(1): 113-118.

Sandoval-Castellanos E, Uribe-Alcocer M, Díaz-Jaimes P. 2010. Population genetic structure of the Humboldt squid(*Dosidicus gigas* D'orbigny, 1835)inferred by mitochondrial DNA analysis[J]. Journal of Experimental Marine Biology and Ecology, 385(1): 73-78.

Schroeder R, Perez J A A. 2010. The study of intra-specific growth variability of *Illex argentinus* (Cephalopoda: Teuthida) in Brazilian waters as reconstructed from the gladius microstructure [J]. Fisheries Research, 106(2): 163-170.

Seminoff J A, Benson S R, Arthur K E, et al. 2012. Stable isotope tracking of endangered sea turtles: validation with satellite telemetry and $\delta^{15}N$ analysis of amino acids[J]. PloS one, 7(5): e37403.

Semmens J M, Moltschaniwskyj N A. 2000. An examination of variable growth rates in the tropical squid *Sepioteuthis lessoniana*: a whole animal and reductionist approach[J]. Marine Ecology Progress Series, 193: 135-141.

Sigman D, Altabet M, McCorkle D, et al. 1999. The $\delta^{15}N$ of nitrate in the Southern Ocean: consumption of nitrate in surface waters[J]. Global Biogeochemical Cycles, 13(4): 1149-1166.

Smale M J. 1996. Cephalopods as prey. IV. Fishes[J]. Philosophical Transactions of the Royal Society of London B. (1343): 1067-1081.

Tafur R, Villegas P, Rabí M, et al. 2001. Dynamics of maturation, seasonality of reproduction and spawning grounds of the jumbo squid *Dosidicus gigas*(Cephalopoda: Ommastrephidae)in Peruvian waters [J]. Fisheries Research, 54(01): 33-50.

Thorrold S R, Latkoczy C, Swart P K, et al. 2001. Natal homing in a marine fish metapopulation[J]. Science, 291(5502): 297-299.

Thorrold S R, Jones G P, Hellberg M E, et al. 2002. Quantifying larval retention and connectivity in marine populations with artificial and natural markers[J]. Bulletin of Marine Science, 70(Supplement 1): 291-308.

Uozumi Y, Ohara H. 1993. Age and growth of *Nototodarus sloanii* (Cephalopoda: Oegopsida) based on daily increment counts in statoliths[J]. Bulletin of the Japanese Society of Scientific Fisheries(Japan), 59 (9): 1469-1477.

Uozumi Y, Shiba C. 1993. Growth and age composition of *Illex argentinus* (Cephalopoda: Oegopsida) based on daily increment counts in statoliths [J]. Recent advances in cephalopod fisheries biology: 591-605.

Vanderklift M A, Ponsard S. 2003. Sources of variation in consumer-diet $\delta^{15}N$ enrichment: a meta-analysis [J]. Oecologia, 136(2): 169-182.

Villegas Barcenas G, Perales-Raya C, Bartolome A, et al. 2014. Age validation in *Octopus maya* (Voss and Solis, 1966) by counting increments in the beak rostrum sagittal sections of known age individuals[J]. Fisheries Research, 152: 93-97.

Waluda C M, Yamashiro C, Rodhouse P G. 2006. Influence of the ENSO Cycle on the light-fishery for *Dosidicus gigas* in the Peru Current: an analysis of remotely sensed data[J]. Fisheries Research, 79(1): 56-63.

Wang C-H, Geffen A J, Nash R D, et al. 2012. Geographical variations in the chemical compositions of veined squid *Loligo forbesi* Statoliths[J]. Zoological Studies, 51(6): 755-761.

Warner R R, Hamilton S L, Sheehy M S, et al. 2009. Geographic variation in natal and early larval trace-elemental signatures in the statoliths of the market squid *Doryteuthis* (formerly Loligo) opalescens[J]. Marine Ecology Progress Series, 379: 109-121.

Wolff G A. 1984. Identification and estimation of size from the beaks of 18 species of cephalopods from the Pacific Ocean[M]. US Department of Commerce, National Oceanic and Atmospheric Admiministration, National Marine Fisheries Service.

Wormuth W. 1970. Morphometry of two species of the family Ommastrephidae[J]. The Veliger, 13: 139-144.

Yatsu A, Midorikawa S, Shimada T, et al. 1997. Age and growth of the neon flying squid, *Ommastrephes bartramii*, in the North Pacific Ocean[J]. Fisheries Research, 29(3): 257-270.

Yatsu A, Mochioka N, Morishita K, et al. 1998. Strontium/calcium ratios in statoliths of the neon flying squid, *Ommastrephes bartramii* (Cephalopoda), in the North Pacific Ocean[J]. Marine Biology, 131(2): 275-282.

Yatsu A, Yamanaka K-i, Yamashiro C. 1999. Tracking experiments of the jumbo flying squid, *Dosidicus gigas*, with an ultrasonic telemetry system in the Eastern Pacific Ocean[J]. Bull Nat Res Inst Far Seas Fish, 36: 55-60.

Young J. 1960. The statocysts of *Octopus vulgaris* [J]. Proceedings of the Royal Society of London B: Biological Sciences, 152(946): 3-29.

Zacherl D C, Paradis G, Lea D W. 2003. Barium and strontium uptake into larval protoconchs and statoliths of the marine neogastropod *Kelletia kelletii* [J]. Geochimica et Cosmochimica Acta, 67 (21): 4091-4099.

Zeidberg L D, Robison B H. 2007. Invasive range expansion by the Humboldt squid, *Dosidicus gigas*, in the eastern North Pacific[J]. Proceedings of the National Academy of Sciences, 104(31): 12948-12950.

Zumholz K, Hansteen T H, Klügel A, et al. 2006. Food effects on statolith composition of the common cuttlefish (*Sepia officinalis*) [J]. Marine Biology, 150(2): 237-244.

Zumholz K, Hansteen T H, Piatkowski U, et al. 2007. Influence of temperature and salinity on the trace element incorporation into statoliths of the common cuttlefish (*Sepia officinalis*) [J]. Marine Biology, 151(4): 1321-1330.

Zumholz K, Klügel A, Hansteen T, et al. 2007. Statolith microchemistry traces environmental history of the boreoatlantic armhook squid *Gonatus fabricii* [J]. Marine Ecology Progress Series, 333: 195-204.